U0162410

量子宇宙

THE QUANTUM UNIVERSE

只 要 可 能 都 会 发 生

[英] 布莱恩·考克斯 著　[英] 杰夫·福修 著　王一帆 译
BRIAN COX　JEFF FORSHAW

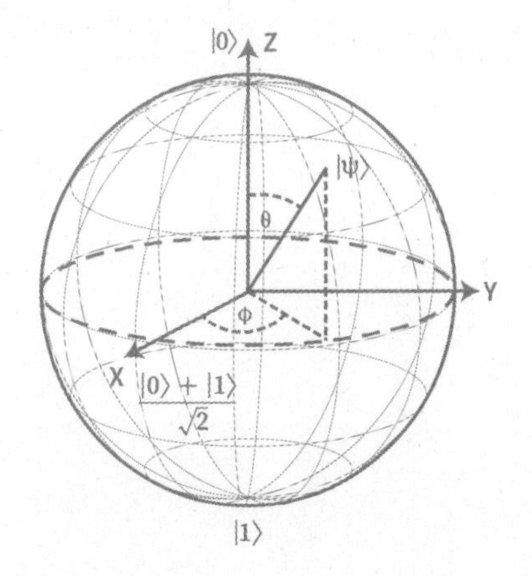

上海科学技术文献出版社
Shanghai Scientific and Technological Literature Press

果麦文化 出品

目录

第一章　异事登场

量子（quantum）这个词令人大惑不解而又回味无穷。它既可以是证明科学之伟大的直接证据，也可以是人类深陷在怪诞的亚原子领域泥沼时直觉边界的象征，这取决于你的观点如何。对于物理学者来说，量子力学是支持我们理解自然世界的三根砥柱之一，另外两根是爱因斯坦的狭义和广义相对论（Special and General Relativity）。爱因斯坦的理论分别处理了时间和空间的性质，以及引力问题，而量子力学处理剩下的一切问题。可以说，无论它是叫人大惑不解还是回味无穷，都无关紧要；量子力学只是一套描述事物行为的物理理论。从这一务实的角度看，它的精确性和解释力都相当出色。现代量子理论中最古老也是最明晰的实验便是通过观测电子在磁铁附近的行为来完成量子电动力学测试（quantum electrodynamics）。理论物理学者辛勤工作多年，想要以纸、笔和电脑来预测实验结果；实验物理学者设计并操作了精密的实验，都是为了揭示大自然更深的奥秘。双方各自得出了精确的结果；他们的准确程度相当于测量从英国曼彻斯特到美国纽约的距离，并将误差控制在几厘米之内。测试结果的非同寻常之处在于测量和计算的结果殊途同归，实验学者和理论学者独立得到的结果竟然严丝合缝。

这个巧合着实令人动容，也十分玄妙；但如果你认为量子理论就只着眼于对事物缩影的描摹，那人们对此大惊小怪并不理解也是正常的。虽然科学本身不以实用为目的，但很多革命性的技术和社会变化都出自单纯渴望理解世界的当代探索者之手。在各科学领域中，追本溯源的发现之旅带来了人类预期寿命的延长、洲际航空旅行、现代电子通信、免于躬耕的自由，以及面对无垠星海的激扬、谦冲和自知之明。但从某种意义上来说，这些都只是副产品。探索是因为好奇，而不只是为了实现真实的宏大图景，或者研发更好的器物。

量子理论可能是既玄妙虚无又卓有成效的最佳范例。说玄妙虚无，是因为在它的世界中，粒子可以同时出现在多个地方，在从一处运动到另一处的同时穷尽整个宇宙。说卓有成效，是因为只要理解这一宇宙中最小构件的行为，就能理解剩下的一切。这种说法近乎傲慢，因为世界充满繁芜庞杂的现象。虽说有这种复杂性，但我们还是发现，万物都由一些微小粒子构成，它们的运动遵循量子理论的法则。这里最神秘莫测的是，事物的根本性质并不需要由一整个图书馆的书籍来解释。这些法则非常简单，可以在一个信封的背面概括完毕。

我们愈是了解世界的本性，它看上去似乎愈简洁。万事俱备后，本书会解释，万物的基本法则是什么，以及前述的微小构件如何共同构成世界。但是，为避免我们在直面宇宙深层的简洁时感到无所适从，这里需要提醒一句：虽然游戏的基本规则很简单，其推论却不易得出。我们的日常经验由数万亿的原子共同控制，试图从第一性原理（first priciple）中推导出植物甚至人的行为，无疑是痴人说梦。但承认这个困难并不会削弱重点——所有现象确实都由描述微小粒子的量子物理学所决定。

想想你周围的世界：你拿着一本纸质书籍，纸由粉碎的木浆制成，后者则来自树木[i]。树木是一台能够获取原子和分子的机器，并通过分解它们，重造出由数万亿部件构成的细胞共同体。这个过程由一类叫作叶绿素的分子完成，该分子由百余个碳、氢、氧原子扭曲成复杂的形状，并靠少量氮、镁原子固定。这些粒子的集合体能吸收一个距离我们 1.5 亿千米、足以容纳百万个地球的核反应炉（太阳）的光，接着把光中的能量送进细胞的核心，从而使二氧化碳和水在制造分子的同时，释放出富含生命的氧气。正是这些分子链构成了树木和所有生命，以及本书中的纸张。你能阅读书籍并理解文字，是因为你的眼睛能把书页散射的光转化成电信号，并由宇宙已知范围内结构最复杂的——大脑来解读。我们发现所有这些都只不过是一些原子的集合，而各种原子都仅由三种粒子构成：电子、质子和中子。我们还发现，质子和中子又由更小的实体——夸克组成。这就是我们目前认知的极限，而量子理论支撑着这一切。

正如现代物理学所揭示的，深层次来看，我们所处的宇宙是由简洁的图案描绘；在视线不及之处，微观现象清歌雅舞，并由此衍生出繁杂的宏观世界。这或许是当代科学的至高成就：将包括人类在内的世间纷纭还原到对少数亚原子粒子及它们之间四种作用力的描述。其中有三种力能很好地用量子理论描述，这包括

---

i　除非你阅读的是本书的电子版，那就得自己开动脑筋想想了。（原书注，本书若无此注明，皆为译者注。）

作用于原子核深处的强核力和弱核力，以及把原子和分子粘起来的电磁力。四种力中，只有最弱却也或许是最为人所知的引力，直到现在还没有一个尽如人意的量子描述。

应当承认，量子理论中是有些古怪的东西，多少诞妄不经都以之为名。猫可以既生又死，粒子可以同处两地，海森伯的不确定性原理，这些都是事实，但绝不能因此认为微观世界中发生的事总是那么奇怪，而我们就应该默认它的神秘。超感官知觉、神秘治愈术，或是号称能防辐射什么的能量手环等，就经常在“量子”一词的掩护下鱼目混珠，登上大雅之堂。这些都是无稽之谈，大概来自思绪不清、执念深重、无端误解、有意曲解，或是上述原因不幸兼有。量子理论能精确地描述世界，这些以数学语言写成的定律，跟牛顿或伽利略提出的理论一样真实可靠。这就是在前述的例子中，电子的磁响应能计算得如此严丝合缝的原因。你将在本书中发现，量子理论对大自然的描述有巨大的预测力和解释力，涵盖的现象范围之广，小到硅片、大至星辰。

编写本书的目的，就是揭秘量子物理的理论框架。量子理论以令人不解闻名，甚至连早期的量子理论学者也深感困惑。我们的介绍将会采用现代观点，其中包含了一个世纪以来的后见之明和理论进展。然而，为了介绍故事背景，我们还是会从 20 世纪之交启程，探索当年导致那些物理学者走上迥异歧路的问题。

那时，人们发现了一些不能由科学范式所解释的自然现象，像科学领域中其他一些例子一样，这些发现沉淀下来，最后形成了量子理论。这些现象多种多样、星火燎原，令人振奋而茫然，催生出一个实验与理论创新的黄金时代——这个词有点陈腐，放在这里却是实至名归。故事主角们的大名，刻在所有物理专业学生的心底，直到今天依然贯穿本科课程始终:卢瑟福、玻尔、普朗克、爱因斯坦、泡利、海森伯、薛定谔，还有狄拉克。可能再也不会出现这样一个时期，涌现如此多科学伟人，共同追寻一个目标：一个有关组成物理世界的原子和力的全新理论。1924年，当欧内斯特·卢瑟福[i]（Ernest Rutherford）回顾量子理论的草创岁月时，这位生于新西兰、并在曼彻斯特发现原子核的物理学家写道:“1896年……对于物理科学是名副其实的英雄时代元年。在那段激荡岁月里，具有根本重要性的新发现层出不穷，这在物理学史上是前所未有的。”

跟随本书我们将回到19世纪的法国巴黎，去见证量子理论的诞生，但在此之前，我们还得先问一句:“量子”这个词到底是什么意思呢？这个词在1900年通过马克斯·普朗克[ii]（Max Planck）的著作引入物理学。当时普朗克正致力于找到一套新理论，以描述高温物体发出的辐射，即所谓“黑体辐射”（black body radiation）。这项工作起源于一家电气照明公司的委托，可见宇宙奥秘之门偶尔也会为柴米油盐而开。本书会在后面详细讨论普朗克的真知灼见；现在只需知道，普朗克发现黑体辐射后，为解释其性质，他只能假设光须以小份能量的形式辐射出去，称之为“量子”。这个词本身的意思是“包”或“离散”。起初，普朗克认为这只是一个数学技巧，但就在1905年，阿尔伯特·爱因斯坦[iii]（Albert Einstein）在光电效应（photoelectric effect）现象

---

i　欧内斯特·卢瑟福，1871年生于新西兰斯普林格罗夫（现布赖特沃特），1937年卒于英国剑桥，英籍实验物理学家。

ii　马克斯·普朗克，1858年生于德国基尔，1947年卒于哥廷根，德国物理学家。

iii　阿尔伯特·爱因斯坦，1879年生于德国乌尔姆，1955年卒于美国新泽西州普林斯顿，德裔瑞士籍美籍物理学家。

上的后续研究中进一步支持了量子假说。这结果发人深省，因小份能量即可视为粒子的同义词。

历史上很长一段时间，都认为光是由一串小子弹组成的，可以追溯到标志现代物理学诞生的艾萨克·牛顿[i]（Isaac Newton）时期。然而，1864 年，由苏格兰物理学家詹姆斯·克拉克·麦克斯韦[ii]（James Clerk Maxwell）发表的一系列论文似乎全面消除了对于光的疑虑，这些论文后来被阿尔伯特·爱因斯坦形容为“自牛顿时代以来，物理学最为透彻和丰硕的论著”[iii]。麦克斯韦证明，光是一列涌过空间的电磁波。自此，光是一种波的观点成为正统，看起来似乎毋庸置疑。然而，在 1923 年到 1925 年间，阿瑟·康普顿[iv]（Arthur Compton）及其同事在美国圣刘易斯华盛顿大学（Washington University in St. Louis）进行了一系列实验，并成功地使光量子从电子上反弹出去。光量子和电子的行为都像台球一样，这一现象为普朗克的理论猜想提供了铁证，是其在现实世界中坚实的理论基础。到了 1926 年，光量子被赐名为“光子”（photon）[v]。光的行为既像波又像粒子，证据确凿。

这标志着经典物理的终结，也是量子理论草创时期的终结。

---

i　艾萨克·牛顿，1643 年生于英国林肯郡伍尔索普，1726 年卒于伦敦肯辛顿，英格兰物理学家和术士。

ii　詹姆斯·克拉克·麦克斯韦，1831 年生于苏格兰爱丁堡，1879 年卒于英格兰剑桥，苏格兰数学物理学家。

iii　出自爱因斯坦《麦克斯韦对物理实在观念之发展的影响》一文，发表于《詹姆斯·克拉克·麦克斯韦：纪念册》一书第 66—73 页，由剑桥大学于 1933 年出版。

iv　阿瑟·康普顿，1892 年生于美国俄亥俄州伍斯特，1962 年卒于美国加利福尼亚州伯克利，美国物理学家。

v　首次出现在 Gilbert N. Lewis 发表于《自然》期刊 1926 年第 118 卷第 874—875 页的《光子的守恒》一文中。

第二章　同时出现在两地

1896 年被欧内斯特 · 卢瑟福称为量子革命的起点，因为那一年亨利 · 贝克勒尔[i]（Henri Becquerel）在他位于巴黎的实验室中发现了放射性。当时贝克勒尔正在尝试使用铀化合物来产生数月前在维尔茨堡由威廉 · 伦琴[ii]（Wilhelm Röntgen）发现的 X 射线，结果却发现，铀化合物发出的“铀射线”（法文：les rayons uraniques）能让感光底板显影，即使将底板和铀化物用厚厚的纸包着，完全不透光，也有同样的效果。大科学家亨利 · 庞加莱[iii]（Henri Poincaré）早在 1897 年就意识到铀射线的重要性。当年，他在一篇综述论文[iv]中预见道：现在可以认为，这一发现“将开启通往全新未知世界的道路”。放射性衰变的费解之处在于，它似乎不需要外力触发，射线只是从物质中自发又不可预测地产生

---

i　亨利 · 贝克勒尔，1852 年生于法国巴黎，1908 年卒于大西洋卢瓦尔省勒克鲁瓦西克，法国物理学家。

ii　威廉 · 伦琴，1845 年生于今天的德国北莱茵—威斯特伐利亚州雷姆沙伊德，1923 年卒于慕尼黑，德国机械工程师和物理学家。

iii　亨利 · 庞加莱，1854 年生于法国默尔特—摩泽尔省南锡，1912 年卒于巴黎，法国大数学家。

iv　《阴极射线与伦琴射线》，发表于《科学综述》1897 年第 7 卷第 72—81 页。

了。事实证明，这正预示着接下来要发生的事。

在 1900 年，卢瑟福注意到一个问题："同一时刻形成的所有原子都应在相同的时间间隔中存续。然而，这与已观察到的转变法则——'原子的寿命包含从零到无穷的所有值'相矛盾。"这种微观行为的随机性让人震惊，因为在此之前，科学是绝对确定性的。如果在某时某刻，你知道了关于某事物可知的一切，那么可以确信，你能绝对肯定地预测，这件事物将来会如何。这种可预测性的崩溃是量子理论的一个关键特点：量子理论处理的是概率，而不是确定性。这不是由于我们缺乏确切的知识，而是因为大自然的某些方面在本质上就是由"或然律"支配的。所以我们现在明白，预测某个特定原子何时衰变，这根本就不可能。放射性衰变是科学第一次与大自然的骰子戏法相遇，许多物理学者因此困惑了很长时间。

尽管原子内部的结构还完全不清楚，但显而易见的是原子内部正发生着什么神奇的事。终于，在 1911 年，卢瑟福用放射源产生的所谓 α 粒子（后来被证实为氦-4 原子核），轰击一张极薄的金箔的时候，得到了关键性的发现。他与合作者汉斯·盖革[i]（Hans Geiger）及欧内斯特·马斯登[ii]（Ernest Marsden）惊愕失色地发现，约每 8 000 个 α 粒子中，就有一个出人意料地未能穿过金箔，而是直接被弹回来。后来卢瑟福用他特有的生花妙笔描述了这个发现时刻："这真是我人生中最匪夷所思的事。基本上

---

i 汉斯·盖革，1882 年生于今天的德国莱茵兰—普法尔茨州葡萄酒之路旁诺伊施塔特，1945 年卒于今天的勃兰登堡州波茨坦，德国物理学家。

ii 欧内斯特·马斯登，1889 年生于英格兰兰开郡里士屯，1970 年卒于新西兰惠灵顿，英籍物理学家。

就像你对着一张纸巾发射15英寸[i]的炮弹，它却弹回来轰中了你一样匪夷所思。”众所周知，卢瑟福是个有趣但又实事求是的人，他曾经形容一位妄自尊大的官员“和欧氏几何中的点一样有地位却无足轻重”。

通过计算，卢瑟福发现，只有把原子的内部结构视为中心处有一个很小的核，而电子沿绕核轨道运动时，才能解释他的实验结果。当时他脑海中很可能浮现出了沿环日轨道运动的行星。原子核几乎囊括了原子全部的质量，因此它才能挡住并弹回被卢瑟福称为“15英寸炮弹”的 α 粒子。以最简单的氢元素为例，它的原子核只含有一个质子，半径约为 1.75×10^{-15} 米。跟不熟悉的读者解释一下，它的意思是0.000 000 000 000 00175米，或者用文字表述，就是略小于两千兆分之一[ii]米。就目前所知，氢原子中的一个电子，正如卢瑟福描述那位自以为是的官员所说，呈点状；而且它绕核运动的轨道半径约为原子核直径的100 000倍。原子核带正电荷，而电子带负电荷，这意味着它们之间有吸引力，类似于将地球固定在其环日轨道上的引力。反过来讲，这又意味着原子基本上是空的。如果把原子核放大成网球，那电子会比灰尘颗粒还小，而它的运动轨道将在一千米以外。联想到生活经验，这些数字会让人大吃一惊，因为由原子组成的固体摸起来可完全不像是空的。

卢瑟福的原子核式模型给当时的物理学者带来了许多问题。例如，电子绕原子核作轨道运动会损失能量，一度成为共识，因

---

i　约38.1厘米，可参考相同尺寸的屏幕。发射这种炮弹的大炮，炮管长可超过16米，重逾100吨，在第一次世界大战前开始装备在欧洲军舰上。

ii　这里一兆是指一万亿。

为所有带电物体沿曲线运动时都会辐射出能量。这也是无线电发射机背后的原理：电子在发射机内部受迫振荡，发出无线电磁波。海因里希 · 赫兹[i]（Heinrich Hertz）据此于 1887 年发明了无线电发射机；到了卢瑟福发现原子核的时候，已经有了商用无线电台，可以横跨大西洋，将讯息从爱尔兰传到加拿大。所以，沿轨道运动会辐射无线电波的理论没任何问题。按照经典电动力学，电子会沿螺线落向原子核；这就让试图解释电子如何保持在绕核轨道上的人感到异常困惑。

还有一个相似的不解之谜是关于原子受热时发出的光。早在 1853 年，瑞典科学家安德斯 · 约纳斯 · 埃格斯特朗[ii]（Anders Jonas Ångström）就通过在氢气管中产生的电火花，分析了其发出的光。人们可能会认为，气体发光能产生彩虹中的所有颜色，毕竟太阳不就是一个发光的气体球嘛。然而，埃格斯特朗观察到，氢气发出三种颜色迥异的光——红色、蓝绿色和紫色，像一道由三条狭窄纯色圆弧组成的彩虹。学界很快发现，每个化学元素都能这样射出独特的彩色条码。当卢瑟福的原子核式模型出现时，一位名叫海因里希 · 古斯塔夫 · 约翰内斯 · 凯瑟尔[iii]（Heinrich Gustav Johannes Kayser）的科学家编纂了一部六卷共计 5 000 页的参考书，名为《光谱学手册》（近代德文：*Handbuch der Spectroscopie*），记录了所有已知元素的闪耀光彩。现在我们要面对的问题当然

---

i　海因里希 · 赫兹，1857 年生于汉堡，1894 年卒于德国波恩，德国物理学家。

ii　安德斯 · 约纳斯 · 埃格斯特朗，1814 年生于瑞典蒂姆罗，1874 年卒于乌普萨拉，瑞典物理学家。

iii　海因里希 · 古斯塔夫 · 约翰内斯 · 凯瑟尔，1853 年生于莱茵河畔宾根，1940 年卒于德国波恩，德国物理学家。是中国第一位物理学博士李复几的博士生导师。

是：为什么？不只是问凯瑟尔老师“为什么”（他一定已经在庆功晚宴上玩嗨了），更是追根究底地问：“为什么有这么丰富多彩的线条？”众所周知，在之后的六十余年中，光谱学虽然在实验上高歌猛进，在理论上却是一片荒芜。

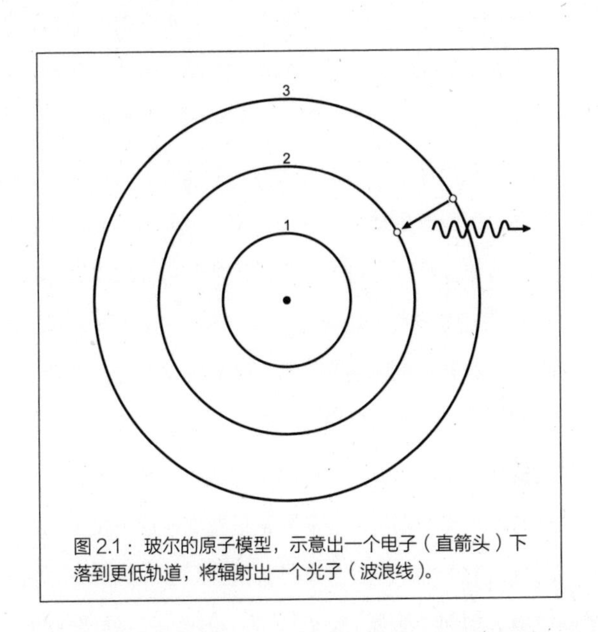

图 2.1：玻尔的原子模型，示意出一个电子（直箭头）下落到更低轨道，将辐射出一个光子（波浪线）。

1912 年 3 月，深受原子结构问题吸引的丹麦物理学家尼尔斯·玻尔[i]（Niels Bohr）前往曼彻斯特，与卢瑟福会面。他后来评价道，企图从光谱学数据中揭开原子内部的奥秘，就像是妄图从蝴蝶翅膀的颜色中导出生物学的基础一样。他从卢瑟福的原子核式模型中找到了需要的线索，并于 1913 年发表了关于原子结构的第一套量子理论。这个理论自身有一定问题，但它确实包含了

i 尼尔斯·玻尔，1885 年生于丹麦哥本哈根，1962 年卒于哥本哈根，丹麦物理学家。

几条关键的见解，促进了现代量子理论的发展。玻尔的结论是：电子只能在特定轨道上绕核运动，能量越低，其轨道离核越近。他还认为，电子可以在轨道间跳跃。它们吸收能量时就跳上能量更高的轨道，并且会及时落回，在此过程中辐射出光（例如放电管中的电火花）。光的颜色直接决定于两个轨道间的能量差。图2.1展示了其模型的基本思想；直箭头表示一个电子从第三能级向下跳到第二能级，与此同时辐射出光（由波浪线表示）。在玻尔的模型中，氢原子中的电子只允许在特殊的"量子化"轨道上绕质子运动；由经典电动力学所预言的螺旋向内落向原子核，在其模型中是行不通的。通过这种方式，玻尔用他的模型计算出了由埃格斯特朗观测到的光的波长（即颜色），它们被认为是由于电子在轨道间跳跃所引起的：从第五轨道跃至第二轨道发出紫色光，从第四轨道跃至第二轨道发出蓝绿色光，而从第三轨道跃至第二轨道发出红色光。玻尔的模型也正确地预测出，当电子跃至第一轨道时也应有光辐射。这部分光是光谱的紫外部分，人眼不可见，因此埃格斯特朗没有观察到。然而，这些紫外光在1906年被哈佛物理学家西奥多·莱曼[i]（Theodore Lyman）发现了，并且莱曼的数据完美契合玻尔的模型。

尽管玻尔未能把他的模型推广到氢原子以外，但其实他引入的观念可以应用于其他所有原子。最重要的是，假设每种元素的原子都有一组独特的轨道，那么它们将只辐射特定颜色的光。意味着，单个原子辐射的光就能作为它独特的指纹。很快，原子辐

i 西奥多·莱曼，1874年生于美国麻省波士顿，1954年卒于麻省剑桥，美国物理学家。

射谱线的独特性便被天文学者所利用，成为确定恒星化学成分[i]的一种方法。

玻尔模型旗开得胜，但它的不足也很明显：为什么电子不能螺旋向内落向原子核？毕竟，根据经典电动力学，它们本该因辐射电磁波而损失能量；无线电的发现与应用也进一步验证了该观念的确实可信。另外更重要的是，电子的轨道为何是量子化的？那些比氢更重的元素又会怎么样？该如何理解它们的结构？

玻尔的理论或许青涩，但它仍然是关键性的一步，这也展示了科学家们最常见的工作流程。当毫无头绪地面对杂乱无章、错综复杂的证据时，科学家们通常会做出一个拟设或符合常理的猜想，然后去测算这些猜想所引出的结论。如果在某种意义上，后续的理论和实验结果一致，证明猜想行得通，就能为科学家增加一点继续深入下去的信心。玻尔的拟设取得了成功，但在往后十三年中一直无法获得解释。

随着本书的展开，我们还会回顾这些早期量子观念的历史，但此刻我们先暂时保留这堆诡异的结果和一知半解的疑问，正如量子理论早期的创始人们所面对的一样。总结来说：爱因斯坦紧随普朗克，引入了光是由粒子构成的观念；但在此之前麦克斯韦已经证明，光也表现得像波。卢瑟福和玻尔创造了理解原子结构的方法，但电子在原子内的行为与任何已知理论都不一致。此外，原子毫无征兆地自发裂开等多种被统称为放射性的现象，还是未解之谜；特别是放射性将随机性引入物理学这一点，实在令人不安。毫无疑问，咄咄怪事正现身于亚原子世界。

---

i　这里主要指元素组成；在恒星中不存在化合物。

广泛认为是德国物理学家维尔纳·海森伯[i](Werner Heisenberg)引领了迈向自洽而统一解答的第一步，他的工作不啻一套研究物质与力的全新方法。1925年7月，海森伯发表了一篇论文[ii]，在其中扫除了旧的观念大杂烩和半吊子理论，包括玻尔的原子模型，并为物理学引入了崭新的理论研究方法。在摘要中他写道："本文将尝试为量子理论力学奠定基础，它完全建立在理论可观测量[iii]的相互关系之上。"这一步至关重要，因为海森伯表明量子理论背后的数学法则不必跟任何我们所熟悉的事物有关。量子理论的任务，应该是预测可以直接观察到的东西，比如氢原子所辐射光的颜色。不该期待这个理论能满足想要了解原子内部奥秘的人们，因为这没必要、甚至也许就不可能。海森伯一举击碎了那种认为大自然的奥秘必须跟常识一致的骄矜。这并不是说，亚原子世界的理论就不必与我们日常生活中描述大型物体运动的经验相符合，例如网球和飞机。但是，我们要准备好抛下偏见，不要认为小东西的运行不过是把大东西缩小来看，因为这是实验观察所要求的。

毫无疑问，量子理论有点棘手，而且海森伯的理论研究方法也确实非常棘手。对于海森伯1925年的论文，史蒂文·温伯格[iv]

---

i 维尔纳·海森伯，1901年生于德国维尔茨堡，1976年卒于慕尼黑，德国理论物理学家。

ii 发表于《物理学期刊》，1925年第33卷第879—893页，题为《关于运动学和力学关系式的量子理论新解释》（德文：*Über quantentheoretische Umdeutung kinematischer und mechanischer Beziehungen*），标题中译采用了金忠玉、王士平《海森伯与中国物理学界》中的译法，发表于《物理》第39卷（2010年）第2期第136—141页。

iii 带单位的数。

iv 史蒂文·温伯格，1933年生于纽约，美国理论物理学家。

(Steven Weinberg）这位诺贝尔奖得主作为在世的最伟大物理学家之一认为：

> 如果你对海森伯做的事感到迷惑，那不要紧，很多人都有同感。我曾多次尝试阅读海森伯从黑尔戈兰岛[i]回来后写的这篇论文。虽然我自认为略懂量子力学，但我始终不理解，海森伯文中所用数学推导方法背后的动机。理论物理学家在其最成功的工作中可能扮演两种角色：要么是智者（sage），要么是魔法师（magician）……读懂物理智者的论文通常不难，但物理魔法师的文章则常让人百思不解。从这个角度来看，海森伯 1925 年的文章完全是魔法。[ii]

然而，海森伯的哲学不完全是魔法。它很简洁，也是本书方法的核心，即一套关于大自然的理论，其任务就是做出能与实验结果比对的定量预测。我们发展出一套理论不是为了与我们感知世界的方式有任何关系。尽管我们采用的是海森伯的哲学观，但后面我们将有幸能使用理查德 · 费曼的方法，来更清楚地了解量子世界。

前几页中，"理论"一词使用得比较随意。在继续构建量子理论以前，有必要仔细看看什么是理论。良好的科学理论会指明一组规则，判断理论适用范围内可能和不能发生的情形。这些规则必须做出预测，并通过观察来检验。如果预测被证明有误，那

---

i 德文 Helgoland，德国位于北海东部的小型群岛。

ii 引自《终极理论之梦》（*Dreams of a Final Theory*），第四章《量子力学和它的遗憾》。译文参考了李泳译作，湖南科学技术出版社出版，有改动。

么这个理论就是错的，必须被取代。如果预测和观察结果一致，这个理论就能存续下去。没有一个理论是“正确”的，因为它们都必须经历不断地证伪。正如生物学家托马斯·赫胥黎[i]（Thomas Huxley）所写的那样，“科学是有序的常识。很多优美的理论被丑陋的事实所扼杀。”任何不受证伪制约的理论都不是科学理论；甚至可以认为，这种理论不含任何可靠内容。对可证伪性的依赖，就是科学理论区别于观点的依据。顺带一提，“理论”一词在科学中的含义与它在日常中的用法也不一样；在日常情形中，理论通常暗含某种推测之意。如果还没有证据，科学理论也可能是推测性的；但已确立的理论，一定受到大量证据的支持。科学家孜孜不倦地发展理论，希望所描述现象的涵盖范围尽可能地大；在他们之中，物理学家尤其醉心于寻找至简大道，以为数不多的规则描述物质世界中的万事万物。

举个例子，艾萨克·牛顿于1687年7月5日发表在《自然哲学的数学原理》（拉丁文：*Philosophiæ Naturalis Principia Mathematica*）中的引力理论就是一个被广泛应用的优质理论。万有引力是现代科学的第一个理论，尽管后来证实，它在某些情形下并不准确，但它还是一个很好的理论，并且沿用至今。爱因斯坦发展出一套更精确的引力理论，即广义相对论，并发表于1915年。

牛顿的引力理论可以总结在一个数学公式中：

$$F = G\frac{m_1 m_2}{r^2}$$

---

i 托马斯·赫胥黎，1825年生于当时英格兰米德尔塞克斯郡伊灵，1895年卒于伊斯特本，英格兰生物学家。

这个式子既可以说简单，也可能被认为复杂，那要看读者的数学背景如何了。本书的确会偶尔用到数学。对此感到艰难的读者，笔者建议——尽管安心地跳过数学公式。本书会不断尝试在强调重要观点的同时，减少对数学的依赖。文中引入数学主要是为了让我们真正地去解释事物为何如此。没有它，我们就得扮成物理上师（罗马转写：guru），凭空变出深义，而两位笔者都将对此感到不适。

现在让我们回到牛顿的公式。想象有一个苹果正摇摇欲坠地挂在枝头。根据民间传闻，在一个夏日午后，一个熟透的苹果由于重力[i]砸到了牛顿头上，为他的理论开辟了道路。牛顿认为，苹果受重力而被拉向地面，并将这个力在公式中记作 F。如果你知道等号右端各符号的含义，这个公式就能让你计算苹果所受的力。符号 r 代表苹果中心和地心的距离。公式中是 r^2，因为牛顿发现，力的大小取决于物体间距的平方。用非数学的语言来讲，这就是说，如果苹果和地心的距离翻倍，则引力变弱为原来的 1/4；如果间距乘以 3，则引力变弱至 1/9，以此类推。物理学家称之为平方反比律（inverse square law）。符号 m_1 与 m_2 分别代表苹果和地球的质量；它们出现在公式中，表示牛顿认为，两个物体间的引力大小取决于它们质量的乘积。这又引出了下一个问题：什么是质量？这个问题本身就很有意思，若要给出当代最深刻的回答，得等到我们讨论过一种名为希格斯玻色子（Higgs boson）的量子粒子之后。粗略地讲，质量是物体所包含的“质”

---

i Gravity。在地球上，万有引力为物体提供随地球自传所需要的向心力，剩余的部分称为重力；严格地讲，万有引力对应英文 Gravitation。

的总量，例如，地球的质量大于苹果。显然，这种解释远远不够。幸运的是，牛顿还提供了独立于其引力定律的另一种方法，也能测量质量，就是牛顿运动三定律中的第二定律。这三条定律受到每个高中选修物理的学生的偏爱：

1. 所有物体保持静止或匀速直线运动，除非受到了力；

2. 假设质量为 m 的物体受到力 F，以加速度 a 运动。则可用公式表示为 $F=ma$；

3. 所有作用力都有等值且反向的反作用力。

牛顿三定律为描述受力物体的运动提供了框架。第一定律描述了物体不受力时的行为，它要么静止，要么以恒定速度沿直线运动。后面我们会看到能适用于量子粒子的相当表述；夸张一点讲，量子粒子不会绝对静止，即使没有受力，它们也会四处飞跃。事实上，“力”的概念在量子理论中就不存在，因此牛顿第二定律也注定要被扔进废纸篓[i]。顺便解释一下，我们的意思是，牛顿定律正在走向终结，因为它们已被发现只是近乎正确。牛顿定律在很多实例中都有不错的成效，但在描述量子现象时就完全失效了。量子理论的定律替代牛顿定律，构筑了对世界更精确的描述。可以说，牛顿的物理体系是从量子描述中衍生出来。至关重要的是，我们必须认识到，并不是“牛顿抓大，量子管小”，而是这一切始终都是量子的。

---

i 旧理论被替代，不会真的被扔掉，而是成为新理论在某种特殊条件下的近似。

尽管牛顿第三定律并不是本书的真正兴趣所在，但为了热心读者，它还是值得被点评两句的。牛顿第三定律认为力是成对出现的：如果我站起来，则意味着我的脚压向地球，而地球又反作用推上来。也就是说，在一个“封闭”体系中，其内部相互作用力的总和为零；这又意味着，体系的总动量守恒。动量的概念会在本书中反复出现。对于单个粒子，动量定义为粒子质量和速度的乘积，写成公式是 $p=mv$。有趣的是，尽管力的观念在量子理论中没有了意义，动量守恒却仍然扮演着一定角色。

就本书而言，我们感兴趣的是牛顿第二定律。$F=ma$ 代表，如果施加已知力于某物，并测量其加速度，则力与加速度之比是物体的质量。反过来看，这又假设了力的定义是已知的，而这并不太困难。一个简单但不够准确、实际的想法是，通过测量某种标准物的拉力可以度量力；比如说，一只套上挽具的普通陆龟，沿直线拉动被测对象。我们可以把普通陆龟称为“国际单位陆龟”，并把它封进保险箱，存入法国塞夫尔的国际权度局内[i]。两只普通陆龟套上挽具则是施加两倍的力，三只就是三倍，以此类推。如此，我们就能以产生力所需的普通陆龟数量，来讨论任意的推力或拉力。

这套单位制虽然很荒谬，不可能被任何国际标准委员会承认[ii]；不过有了它，我们只需让陆龟拖动一个物体，测量其加速

---

i　国际千克原器就是如此保存的；而 2018 年 11 月 16 日以后，已经不用这个砝码定义千克了。

ii　但是，如果想想“马力”这个今天还常用的功率单位，就不那么荒谬了。（原书注）

度，接着就能用牛顿第二定律推出物体的质量。重复这个过程，就可以推出第二个物体的质量。我们可以进一步把两个质量代入引力定律中，计算物体间的引力。然而，要以“龟力”度量两物体间的引力，还需要把这套单位制跟引力的强弱校准，这就是引力定律中符号 G 的由来。

G 是一个非常重要的量，叫作“牛顿引力常数”(Newton's gravitational constant)，它包含引力强弱的信息。如果让 G 翻倍，则力的大小也翻倍，这就会让苹果以两倍加速度落向地面。因此，牛顿引力常数描述了我们宇宙的一种基本性质；如果它取的是另一个不同的值，我们便会生活在一个相当不同的宇宙中。目前认为，G 在宇宙各处都取相同的值，并且在各个时刻都保持为常数（它也出现在爱因斯坦的引力理论中，并且也是常数）。本书中还会出现其他一些大自然中的普适常数。在量子力学中，最重要的常数是“普朗克常数”，它以量子思想先驱——马克斯·普朗克命名，用符号 h 表示。我们还会用到光速 c，它不仅是光在真空中的速度，还是普适的速度上限。伍迪·艾伦[i](Woody Allen) 曾经说过[ii]：“超越光速既不可能也不可取，因为帽子会一直被吹掉。”

只需根据牛顿的运动三定律和引力定律，我们就能理解引力作用下的所有运动，毫无遗漏。仅用这区区几条定律，就能理解诸如太阳系中的行星轨道等现象。它们共同严格限制了物

i 伍迪·艾伦，1935 年生于纽约，美国电影导演、编剧、演员。

ii 引文出自其幽默短文《幢狞犒威胁》(*The UFO Menace*)，收录于 1980 年出版的文集《副作用》(*Side Effects*) 中，标题采用了李伯宏的中译本，上海译文出版社出版。

体在重力作用下可能的运动轨迹。只用牛顿定律就能证明，我们太阳系中所有的行星、彗星、小行星和流星都只能沿所谓圆锥曲线运动。最简单的圆锥曲线是圆，地球的绕日轨道就非常接近于它。更通俗地说，行星和卫星沿椭圆轨道运动，它们就像拉伸的圆。另外两种圆锥曲线称为抛物线和双曲线。抛物线是火炮射出的炮弹的轨迹。最后一种圆锥曲线——双曲线，迄今为止离我们最远的人造物体就是沿此轨迹飞向群星。在本书写作之时，“旅行者1号”（Voyager 1）距地球176.1亿千米[i]，并以每年5.38亿千米的速度远离太阳系。这个巧夺天工的工程杰作发射于1977年，至今仍与地球保持联络。它还将测量太阳风的数据记录在磁带上，并以20瓦的功率将结果传回地球。“旅行者1号”，及其姊妹探测器“旅行者2号”，是人类探索宇宙渴望的见证，具有鼓舞人心的力量。两艘探测器都拜访了木星和土星；“旅行者1号”还拜访了天王星和海王星。它们精确地探索了太阳系，并利用行星引力的弹弓效应加速，飞入星际空间。地球上的探测器领航员们仅仅运用牛顿的诸条定律，就可以规划从内行星（水星、金星、地球和火星）到外行星（现在包括木星、土星、天王星和海王星），乃至飞向其他恒星的路线。“旅行者2号”将在30万年内飞临夜空中最亮的星——天狼星。我们不仅能做到还能理解这些，都是因为牛顿的引力定律和运动定律。

牛顿诸条定律为我们描述了一幅非常直观的世界图景。如我们所见，它们以方程的形式写下可测量物理量的相互关系，

---

i 约2011年时的数据。

使我们能精确预测物体的运动。在整个理论框架中，有一类贯穿始终的假设，就是物体在任意时刻都有一个准确的位置；并且随着时间流逝，物体可以平滑地移动到另一处。这些假设似乎是不言而喻的真理，无需置评。但我们得意识到，这就是成见。我们真的能确定物体若不在此地，则必在彼地，而非同时出现在两个地方吗？当然，你的庭园小屋基本不会同时位于两个明显不同的地方，但如果对象是原子内的电子呢？它有可能既在“这”又在“那”吗？目前，这种想法还有点疯狂，主要是因为我们没法形象理解它。后面我们会看到，事实的真相果真如此。我们在这里写下如此不着边际的话，就是要指出，牛顿诸条定律是建立在直觉之上的，而这对于基础物理学，就如同沙上楼阁一般。

有一个很简单的实验，能证明牛顿对世界的直观描述是错的，由克林顿 · 戴维孙[i](Clinton Davisson) 和雷斯特 · 革末[ii](Lester Germer) 首先完成。苹果、行星和人都貌似是“牛顿”式的，它们随时间的流逝，以一种常规、可预测的方式从此处运动到彼处。但据他们的实验显示，对于物质的基本构件来说，事实并非如此。

戴维孙和革末在论文[iii]的摘要中写道：“我们让速率可调的均匀电子束入射于单晶镍，并测量了其散射强度与方向的函数关

---

i　克林顿 · 戴维孙，1881 年生于美国伊利诺伊州布卢明顿，1958 年卒于弗吉尼亚州夏洛蒂镇，美国物理学家。

ii　雷斯特 · 革末，1896 年生于美国伊利诺伊州芝加哥，1971 年卒于纽约州沙旺昆岭，美国物理学家。

iii　《单晶镍的电子衍射》(*Diffraction of Electrons by a Crystal of Nickel*) 发表于《物理评论》1927 年第 30 期第 705—740 页。本文标题的翻译采用了刘战存和刘伟健《戴维孙对电子衍射的实验研究》，发表于《首都师范大学学报 (自然科学版)》2004 年 2 期 26—30 页。

系。”读到这里，你可能要掩卷叹息，幸好还有一个简化的实验版本，叫作双缝实验（double—slit experiment），可以帮助你领会这个实验中的重点。在双缝实验中，有一个电子源，能把电子发射到一块能阻挡电子的屏上，屏上开了两道狭缝（或者小孔）；板的另一侧有一块荧幕，在受到电子轰击时会在碰撞处发光。电子源的种类并不重要，可以想成是一截灼热的灯丝，放在实验装置的一侧[i]。双缝实验的示意图见图 2.2。

我们不妨设想，将一台相机对准荧幕，并保持快门开启，进行长曝光，如此就能把电子打出的闪光一一记录在相片上，并最终在相片上形成图案。而问题就是，这个图案是什么样呢？假设电子就是行为很像苹果或行星的微小粒子，我们可能预测，凸显出的图案会如图 2.2 所示。大多数电子没能穿过狭缝，一些电子即使穿过了，也有可能因为碰上缝的边缘而反弹，导致电子分散开一些。但被电子击中最多的区域，也就是相片上最亮的地方，一定与电子源及狭缝在一条直线上。

然而，实际情况与我们的预期不同，真正拍到的相片会像图 2.3 那样。图案就如戴维孙和革末于 1927 年发表在那篇论文中的一样。这之后，戴维孙于 1937 年因其“电子在晶体中衍射的实验发现”获得了诺贝尔奖。他与乔治·佩吉特·汤姆孙[ii]（George Paget Thomson），而非革末，分享了当年的诺奖。因为汤姆孙在

---

i　曾几何时，电视也靠这种方法工作。电子流由灼热的灯丝产生，被聚焦成电子束，并被电磁场偏转到荧幕上；后者在受电子轰击时会在碰撞处发光。（原书注）

ii　乔治·佩吉特·汤姆孙，1892 年生于剑桥，1975 年卒于同地，英格兰物理学家。

阿伯丁大学[i]（University of Aberdeen）也独立发现了相同的图案。这种明暗交替的条纹被叫作干涉图案（interference pattern），而干涉更常与波联系在一起。要理解其中的奥秘，可以用水波代替电子，来做双缝干涉实验。

想象在一个水缸中部放一块挡板，板上开有两条狭缝。荧幕和相机可以用波幅探测器代替，而热电子源可以用造波机代替。实验如下：在水缸一侧放一块木板，并把它固定在马达上，使它

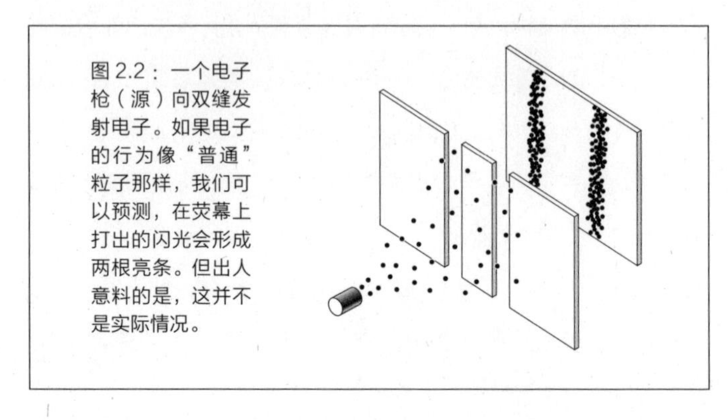

图 2.2：一个电子枪（源）向双缝发射电子。如果电子的行为像“普通”粒子那样，我们可以预测，在荧幕上打出的闪光会形成两根亮条。但出人意料的是，这并不是实际情况。

图 2.3：实际情况是，电子并不沿源与缝的连线击中荧幕，反而随着电子接踵而至，条纹会逐渐显现，形成条纹图案。

i 阿伯丁大学，位于苏格兰阿伯丁，始建于 1495 年，现为公立大学。

能反复出入水面。木板运动产生的波传过水面，直到碰上挡板，这时大部分波都会反射回去，而一小部分会从狭缝中通过。这两列波会从狭缝向波幅探测器扩散（spread out）。注意我们这里用了“扩散”，因为从狭缝出发的波不是沿直线传播。恰恰相反，狭缝像是新的波源，每个狭缝都产生扩大的半圆形波，如图 2.4 所示。

图 2.4：从水缸两点（示意图顶端）发出的水波。两列圆形波交叠并互相干涉。图中的“辐条”是因两列波相互抵消而水面振荡极小的区域。

这张示意图把水波的行为展示得十分清楚。有些区域几乎没有波纹，它们从狭缝处辐射出来，看起来就像车轮的辐条一样；而其他区域仍然充满波峰与波谷。这与戴维孙、革末及汤姆孙观察到的图案十分相似。与电子轰击荧幕的情形对比，荧幕上那些几乎没有被电子击中的区域，对应着缸中水面几乎平静的位置，即你看到的那些“辐条”。

在盛水的缸中，这些“辐条”的形成很容易理解：它们是由通过狭缝的水波交织而成。波有峰与谷，当两列波相遇时，它们既能相长，又能相消。如果两列波相遇时，此波之峰与彼波之谷相遇，则会抵消，于是在那个位置就会表现为几乎没有波。在另一个地方，可能是波峰与波峰相遇，这样就会叠加出更强的波。水缸每一处到两条狭缝的距离都有所不同，因此有些地方是两波的峰与峰相遇，而另一些地方会是峰与谷相遇；其他大多数地方介于这两种极端情况之间。最后呈现的图案是，水面上的波纹有无交替，即一种干涉图案。

与水波不同的是，实验观察到的电子干涉图案很难理解。根据牛顿定律和常识，由于没有力作用于从源射出的电子之上，它们便以直线运动至狭缝处（想想牛顿第一定律），而通过时，即使小部分电子由于触碰狭缝边缘而反射，路线稍微偏折，也依然会沿直线继续运动，直至打在荧幕上。但这种运动模式并不会产生干涉图案，它只会产生如图 2.2 所示的两根亮条。我们可以假设一种巧妙的机制：电子之间互相施加某种力，使电子流在流过双缝前后偏离直线运动。然而，这种假设可以被排除掉，因为我们可以设计实验，使一次只能有一个电子从源运动到荧幕。这个实验可能需要多花点时间，但因精准而值得等待，随着电子一个个打到荧幕上，条纹图案会逐渐清晰起来。这个结果很是惊人，因为条纹图案完全是两列波互相干涉的特征，然而这里的图案是由一个个电子、一个个点产生的。试着想象，为什么发射出的粒子一个个穿过双缝打到荧幕上依然能产生干涉图案，是一个不错的益智练习。说是练习，其实是水中捞月，因为绞尽脑汁数小时之后，你就能确信，以粒子形成条纹图案的确不可思议。不管这些击中荧幕的是何种粒子，它们的行为都跟“普通”粒子不一样。这些电子似乎能“跟自己干涉”。我们当下的挑战就是，想出一套理论，解释“自干涉”的含义。

这个故事的结尾饶有趣味也是极具历史性的，可以一窥双缝实验给人类带来的智力挑战。乔治·佩吉特·汤姆孙的父亲——约·乔·汤姆孙[i](Joseph John Thomson)，曾于1906年因发现电子而获诺贝尔奖。老汤姆孙证明，电子是一种粒子，具有特定的电荷和质量，是点状的物质微粒。而三十一年后，他的儿子却因发现电子并不像老汤姆孙预期的那样，也获得了诺贝尔奖。老汤姆孙并没有弄错，电子确实有明确的质量和电荷，并且我们每次看到它，它都像是一粒点状物质。但正如小汤姆孙和戴维孙、革末所发现的，电子的表现与普通粒子并不完全相同。另一个重点是，电子也不完全像波，因为干涉图案不是由平滑的能量累积而成，而是由许多突兀的小点沉积而成。在探测中，我们总是会和老汤姆孙一样，发现单个、点状的电子。

你或许已经发现，需要借助海森伯的思路才能理解这个现象。我们观察到的东西是粒子，所以最好建立的是一套描述粒子的理论。这个理论还必须能预言荧幕被穿过狭缝的电子一个个击中后将呈现的是干涉图案。而电子从源运动到狭缝击中荧幕这个过程并不能被观察到，因此不必符合日常生活经验。电子的“旅途”甚至不必是能够被描述出来的。我们只要找到一个理论，能预言在双缝实验中电子击中荧幕所形成的图案，就足够了。这就是下一章我们要讨论的内容。

---

i 约·乔·汤姆孙，1856年生于英国曼彻斯特，1940年卒于剑桥，英格兰物理学家。

为避免让人误以为这一切不过是微观物理的惊鸿一瞥，于整个世界无关痛痒，我们需要说明：为解释双缝实验等微观粒子现象而发展出的量子理论，同样能解释原子的稳定性、化学元素辐射的彩色光、放射性衰变（radioactive decay），乃至在20世纪之交困扰科学家的其他疑难杂症。这套理论框架同样能描述电子被禁锢于固体内部时的行为，从而让我们理解可能是20世纪最重要的发明——晶体管——背后的原理。

在本书的最后一章中，我们将看到量子理论的一项重要应用，同时也是展现科学推理之力的绝佳案例之一。大多数怪异的量子理论预言都出现在微小事物的行为上。然而，聚沙成塔，集腋成裘，要解释宇宙中质量最大的物体——恒星——的某些性质，竟然也会用到量子物理。我们的太阳无时无刻不在和自身引力作斗争。这团质量超过地球300万倍的气体[i]球，其表面的引力是地球表面引力的近28倍，这将有力地促使其向内塌缩。但塌缩并没有发生，因为在太阳核心，每秒有约6亿吨氢聚变成氦，聚变产生的向外压力能抵消引力。尽管太阳是个庞然大物，但以如此迅猛的速率消耗燃料，最后也一定会将太阳的能源燃烧殆尽。向外的压力会消失，而引力会卷土重来，势不可当。看来，大自然中没有什么能阻止一场灾难性的塌缩。

在现实中，量子物理能伸出援手，救星于水火。被量子效应解救的恒星叫作白矮星（white dwarf），这也会是我们太阳的归宿。在本书的末尾，我们将运用对量子力学的理解，来确定白矮星的最大质量。这项计算首先于1930年由印度裔天体

---

i　应为等离子体，而非气体。

物理学家苏布拉马尼扬·钱德拉塞卡[i]（罗马转写：Subrahmanyan Chandrasekhar）完成，计算结果约是太阳质量的 1.4 倍[ii]。精妙绝伦的是，要完成这个数的计算只需要质子质量和之前已经提到大自然中的三个常数：牛顿引力常数、真空中的光速，以及普朗克常数。

可想而知，量子理论本身的发展，以及上述四个物理量的测量，都不依赖于仰望星空。我们可以想象一下，一个有着奇特恐惧症的文明，被禁锢于自身行星地表深处的洞穴中，他们对天空毫无概念，但他们却可能发展出量子理论，并测量出这四个物理量。为了好玩，他们可能还决定去计算巨型气体球的最大质量。有一天，勇敢无畏的开拓者第一次选择到地表探险。想象一下，当他敬畏地仰望苍穹，看到群星璀璨、河汉无极、千亿颗星辰横贯天际时，如我们在地球上观测所见一样，开拓者也会发现，在暗淡下去的垂死恒星之中，没有一颗的质量能超过钱德拉塞卡极限。

---

i　苏布拉马尼扬·钱德拉塞卡，1910 年生于今属巴基斯坦的拉合尔，1995 年卒于美国芝加哥，印度裔美籍物理学家和天体物理学家。

ii　这被称为钱德拉塞卡极限。

第三章　何为粒子

我们使用的量子理论方法是由理查德·费曼[i]（Richard Feynman）开创的，他出生在纽约，获得过诺贝尔奖，还会演奏邦哥鼓[ii]。他的朋友兼同事——弗里曼·戴森[iii]（Freeman Dyson）称他“一半是天才，另一半是小丑”。戴森后来改变了他的观点：更准确地说，费曼应该是“彻底的天才，也是彻底的小丑”。我们将在本书中采用费曼的方法，因为它不仅好玩，也可能是理解量子宇宙最简单的方法。

理查德·费曼不仅创造了量子力学的最简单形式，也是一位伟大的老师。他能将其深刻见解带入讲堂或写进书里，并且做到前所未有的清晰，让读者几乎不会困惑。费曼对于那些希望把物理搞得高深莫测的人嗤之以鼻。即便如此，费曼感到还是有必要开诚布公地说明量子理论违反直觉的特点。在他的大学经典系

---

i　理查德·费曼，姓氏或译费恩曼，1918 年生于纽约，1988 年卒于洛杉矶，美国理论物理学家。

ii　Bongos，一种拉美双鼓。

iii　弗里曼·戴森，1923 年生于英国伯克郡克罗索恩，2020 年卒于美国新泽西州普林斯顿，英裔美籍理论物理学家和数学家。

列教材《费曼物理学讲义》[i]的开头，他写道[ii]，亚原子粒子的行为“既不像波，又不像粒子，也不像云雾或弹子球，或者悬于弹簧的重物，总之不像我们曾见过的任何东西”。下面我们将建立模型，来看看这些粒子的行为究竟如何。

作为研究的起点，我们将假设大自然的基本组成单位是粒子。能证明这一点的不仅有电子总是到达荧幕上特定位置的“双缝实验”，还有其他一系列的实验。“粒子物理”（particle physics）的确不是浪得虚名。我们要处理的问题是，粒子如何运动？当然，最简单的假设就是它们遵循牛顿定律，要么走直线，要么因受力而走曲线。然而这并不正确，因为所有对双缝实验的解释都要求电子必须在通过狭缝时“与自己干涉”，这就意味着电子必须存在着某种扩散。因此我们的挑战就是：建立一套点状粒子的理论，同时也能解释这些粒子的扩散。这没有听上去那么难：只要我们让任意单个粒子都可以同时出现在多个地方，这件事就能成立。当然，这个想法听上去还是不可能的，但单个粒子可以同时身处多地，这本身就是一个相当清晰的表述，即便听起来有些蠢。从现在起，我们将把这些违反直觉、呈点状且能扩散的粒子称为量子粒子（quantum particles）。

接受这个“单个粒子可以同时身处多地”的提案，我们将远离日常经验，进入未知领域。想要理解量子物理，主要障碍之一就是思维造成的困惑。要避免困惑，我们应该效仿海森伯，学会接受、适应与实际经验相悖的世界观。学习量子物理的学生往

---

i *The Feynman Lectures on Physics*，电子版见 https：//www.feynmanlectures.caltech.edu/

ii 译文出自第三卷第一章《量子行为》第一节《原子力学》，译文参考了潘笃武、李洪芳的中译本，上海科学技术出版社出版。

往不断尝试以日常用语去理解其中发生的事情，常常将感到“不适”和感到“困惑”相混淆。真正引起困惑的正是这种对新观念的抗拒，而不是观念本身固有的难度，因为真实世界并不按人们的日常经验运作。因此，我们必须兼收并蓄，保持开放的思想，不为其古怪而苦恼。莎翁[i]就深谙此道，他笔下的哈姆雷特[ii]（Hamlet）说[iii]：“那么你还是用见怪不怪的态度对待它吧。霍拉旭[iv]，天地之间有许多事情，是科学所没有梦想到的呢。”

仔细考察水波版的双缝实验，会对着手理解量子物理很有帮助。我们的目标是搞清楚，波的何种特点会产生干涉图案。之后得确保，我们的量子粒子理论得包含这种特点，这样才有可能解释电子的双缝实验。

穿过双缝的波能与自己干涉，有两个原因。一是这列波同时穿过双缝，产生两列新波，继续前进并混在一起。显然，这是一列波可以做到的。不难想象：一列长长的海波，煎盐叠雪地滚向海岸，最后拍打在沙滩上。它是一堵水墙，一种延展而前进的东西。因此，我们需要决定如何把量子粒子描绘成“延展而前进的东西”。第二个原因是，两列来自狭缝的新波在混合时能相长或者相消。显然，两列波这种互相干涉的特点是解释干涉图案的关键所在。一种极端情况是，一列波的波峰和另一列波的波谷重合，这时它们就几乎抵消。因此，我们也得让量子粒子能和它自己进行某种干涉。

---

i　威廉·莎士比亚，1564 年生于沃里克郡埃文河畔斯特拉特福，1616 年卒于同地，英格兰戏剧家和诗人。

ii　哈姆雷特，莎士比亚同名作品中的主要角色之一，丹麦王子。

iii　本段取自第一幕第五场末尾；中译文取自朱生豪译本。

iv　Horatio，莎士比亚《哈姆雷特》中的主要角色之一，哈姆雷特的好友。

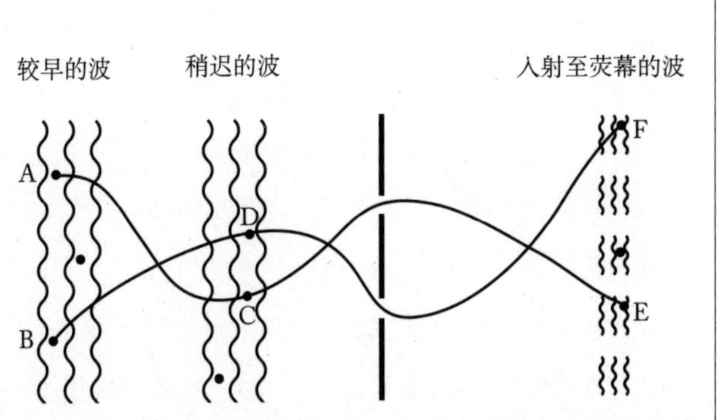

图 3.1：波是如何描绘电子从源运动到荧幕，以及如何被诠释为代表了电子前进路径的所有可能。从 A 到 C 再到 E，以及从 B 到 D 再到 F，是单个电子可能采取的无穷条路径中的两种可能。

双缝实验建立了电子和波之间的关联，让我们看看我们能把这种关联建立得有多紧密。看看图 3.1，暂时忽略掉 A 到 E、B 到 F 的连线，重点关注波浪。现在这张图描绘了一只水缸，而从左到右的波浪线就代表在水缸中翻滚的水波。想象一下，就在一块厚木板从水缸的左侧插入平静的水面，形成一股波浪时，我们拍下一张相片。此时得到的快照会显示出一列新形成的波从图片的顶部延伸到底部，而水缸其他位置的水面则保持静止。稍晚拍摄的第二张快照会显示出水波向狭缝移动，而波后面的水面保持平静。再过一会儿，水波穿过双缝，便生成了上述图中右边的条状干涉图案。

现在我们把上一段文字再读一遍，并将“水波”都换成“电子波”，先不管这是什么意思。如果诠释得当的话，实验中如水波般翻滚的电子波，就有可能给我们希望理解的条状干涉图案一个解释。但还需要解释电子逐个击中荧幕后所形成的图案为何是由小点组成的。乍一看，这似乎与波的平滑性有冲突，但其实不然。

高妙之处在于，如果我们不把电子波诠释成实际的物质分布（这正是水波的情形），而只是某种信息告知我们这个电子可能所处的位置，就能解释得通了。注意我们说的是“这个”电子，因为这列波描述的是单个电子的行为，这样才可能解释荧幕上点的由来。不要陷入误区，这是描述一个电子的波，而非由许多电子组成的一个波。如果我们想象一下这列波在某时刻的快照，则波浪的最高处就可以被诠释为电子最可能被找到的地方，而最低处就是电子最不可能被找到之处。当这列波最终到达荧幕时，荧幕上会闪现小点，告诉我们电子的位置。电子波唯一的作用，就是让我们能计算电子击中荧幕某特定位置的概率。如果不关心电子波到底“是”什么，则一切看起来都很直截了当，因为只要了解波的样子，我们就能知道电子可能在的位置。但当我们试图理解这个关于电子波的提案对于电子从狭缝到荧幕之旅到底有何深意时，好玩的事情就来了。

在开始研究之前，我们或许应该再把上一段读一遍，因为它非常重要。这一段的含义很不直观，并非一目了然。要解释实验中所观察到的干涉图案，“电子波”的提案具备所有必要性质；但它还只是一个对于真相的猜测。作为优秀的物理学者，我们应该去论证这个猜测的结果，看看它们是否真的符合大自然的规律。

回到图 3.1，我们提议，在任何时刻，单个电子都由一列像水波那样的波描述。一开始，电子波在狭缝的左侧。这意味着在某种意义上，电子就位于波中的某处。过一会儿，当电子波像水波那样前进至狭缝，电子此时便位于新波中的某处。可以说，电子是“先位于 A 再运动到 C 处”，或者它“先位于 B 再运动到 D 处”，或者它“先位于 A 再运动到 D 处”，等等。先不要细想，等波穿过狭缝到达荧幕，我们再来看看。现在，电子可以在 E 或者也可能在F处被找到。我们在图中画出的曲线，表示的是电子从源运动到荧幕可能通过的两条路径。它可以从A到C再到E，或者从B到D再到F。以上只是单个电子可能采取的无穷条路径中的两种可能。

关键之处在于，“尽管电子可以尝试每一条路径，但它实际上只走了其中一条”这句话并没有意义。如果说电子实际上只沿一条特定路径，就好比是在水波实验中封住了一条缝，这样并不会产生干涉水纹，也无助于理解电子干涉图案的形成。必须允许波从两边缝都通过，才能产生干涉图案；这意味着，在从源到荧幕的运动中，得允许电子通过所有可能的路径。换句话说，当我们说电子“在波中某处”时，意思其实是，电子同时位于波中所有的位置！这就是我们必须接受的思维方式，因为如果假设电子实际上位于某特定位置，则这列波将不再扩散，水波的类比就失效了；我们也就无法解释干涉图案了。

或许应该再次重读上面的推理过程，因为它启发了下文的大部分内容。这不是在耍花招；我们在讨论的是，要描述一列扩散的波，同时它也是一个点状电子，那么一种实现的可能是，电子在从源到荧幕的运动中，会扫过所有可能的路径。

我们可以从中得到启发：一列电子波，是在描述单个电子以无穷条不同运动路径，从源运动到荧幕。换句话说，“一个电子如何到达荧幕？”的正确回答是，“它运动在无穷条可能的路径上，有一些穿过这条狭缝，另一些穿过那条狭缝”。很明显，“这个”电子并非日常观念中的粒子，因此称之为量子粒子。

在我们决定找到一种描述方式能从不同角度模仿波行为的电子之后，我们需要发展一套更精确的语言来讨论波。首先我们得能描述，水缸中两列波相遇、混合和彼此干涉的现象。为此，得找出更简易的方法来表示每列波峰与波谷的位置。在专业术语中，这叫作相位（phase）。简单来说，“同相”（in phase）有相互加强之意，而“异相”（out of phase）表示相互抵消。“相位”一词也用于描述月球：在其约 28 天的公转周期中，月球从新月逐渐盈为满月，再逐渐亏回新月，如此循环。英文中 phase 一词来自希腊文 φάσις（拉丁文转写：phásis），意为天象的出现和消失，月亮明面的周期性显现和消失，似乎引出了 phase 一词在 20 世纪尤其是在科学中的一种用法，用于形容周期性的东西。这就为我们如何用示意图来表示水波峰谷的位置提供了一条思路。

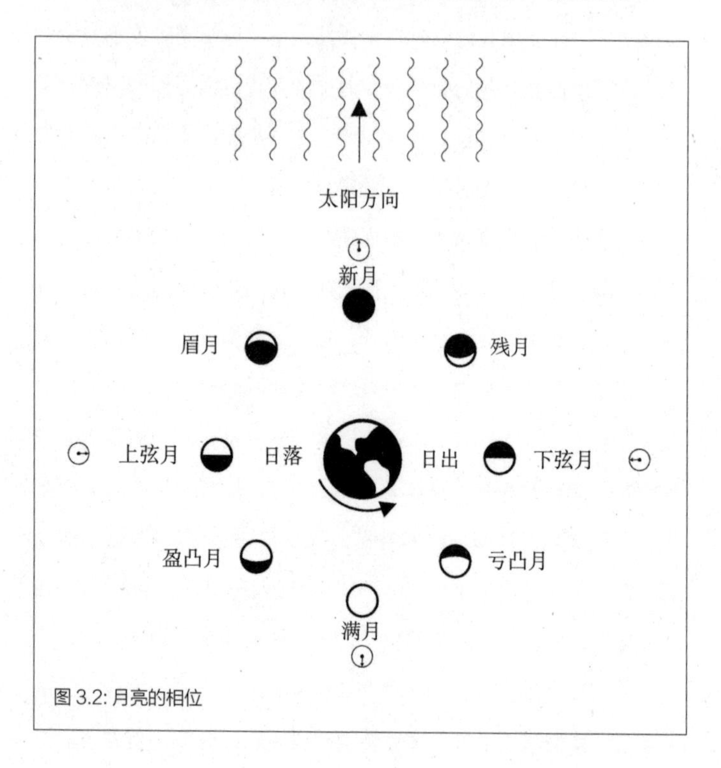

图 3.2: 月亮的相位

对照图 3.2，我们可以用一块只有一根指针的钟面来表示相位的变化[i]，这样就能用一周 360 度来形象地表示各种情形，例如 12 点、3 点、9 点方向，以及其间的任意位置[ii]。在月球的例子中，你可以想象一下，用指针指向 12 点的方向表示新月，1 点 30 分的方向表示眉月[iii]，3 点表示上弦月，4 点 30 分表示盈凸月，6 点表示满月，以此类推。在这里，我们是用抽象的数来描述具体的东西，也就是用钟面上的钟点来描述月相。在这种描述中，如果画一个指向 12 点的钟，我们立刻就可以知道它表示新月。尽管前面没有举这个具体的例子，但如果给出一个指向 5 点的钟，你也会知道月相正在接近满月。用抽象的图像或符号来表示真实的东西，是物理学的基础，这也是物理学者使用数学的根本目的。当能用简单的规则操控抽象的绘景，从而对现实世界做出坚实的预言时，这种方法的力量就体现出来了。一会儿就能看到，钟面就能让我们做出这种预言，因为用它就可以跟踪波峰和波谷的相对位置。反过来这也能让我们计算出不同的波在相遇时是会互相削弱还是增强。

图 3.3 描绘了两列水波在某时刻的状态。波上每一点都用一块钟来描述。我们用 12 点表示波峰，6 点表示波谷。在波峰和波谷之间的状态，就跟前面的月相一样，也可以用这两个时刻之间的钟点来表示。相邻的波峰或者相邻的波谷的间距是一个重要的量，叫作波的波长。

---

i　后面会看到，指针的长度还代表振幅。

ii　在本章中，钟指针随着月相或者波的相位变化，是顺时针转动的；而在下一章和以后，钟指针是逆时针转动的。

iii　注意图 3.2 中这些是逆时针方向标注的，而钟面上是顺时针。

图 3.3 中的两列波彼此异相，意味着上面一列波的波峰和下面一列波的波谷对齐，反之亦然。如此，当我们把两列波叠加在一起，它们会互相削弱；如果它们的振幅也相同的话，就能完全抵消。这在图的底部作出了说明，叠加的“波”是一条水平线。用钟的语言来描述的话，就是上面一列波以 12 点表示的波峰，全都和下一列波以 6 点表示的波谷对齐了。其实，在任何位置上，上面一列波的钟面指针都与下面一列波的指针完全相反。

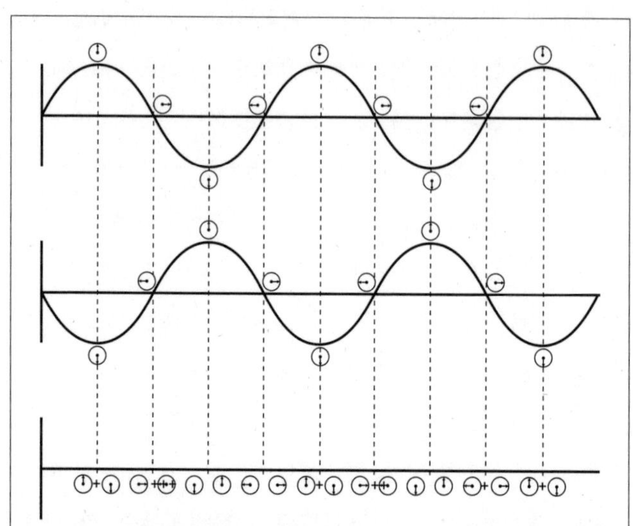

图 3.3：两列被安排为可以完全抵消的波。上面一列波和下面一列异相，或者说波峰和波谷对齐，并且振幅相同。当两列波相加时，它们完全抵消，结果是没有波。如图片底部所示，“波”成为水平线。

在这个阶段，用钟来描述波，似乎是小题大做了。确实，如果只是想把两列水波加起来，我们只需要把每列波的高度相加，完全不需要钟。对于水波这样说没错，但我们并不是执着于使用工具，引入这些钟自有原因。后面会很快看到，使用钟面来描述特别灵活，对于描述量子粒子是绝对必要的。

记住这条以后，我们现在需要花一点时间，发明一套精确描述钟面读数的相加规则。把规则应用于图 3.3 的情形中，必须得出相“抵消”的结果，什么都不剩下。诸如 12 点抵消 6 点，3 点抵消 9 点等。当然，这种完美抵消是两列波完全异相的特殊情形。我们要找到一套更通用的规则，用于描述任意形状、任意相位的两列波相加的一般规则。

图 3.4 展示的是另外两列波。这次它们的对齐方式有所不同，一列波与另一列相比，只是相位略有偏置。我们还是用钟标记出了波峰、波谷及其中点。现在，上面一列波的 12 点与下面一列的 3 点对齐。接下来我们将要阐明这两列波相加的规则，就是平行移动一块钟的指针，使其头部与另一块钟的指针尾部重合。然后我们画一根新的指针，连接前一根指针的尾部和后一根指针头部，补齐三角形。这个方法的图解在图 3.5 中。新指针的长度与其他两者不同，并指向不同的方向；它可以放在新的钟面上，用来描述原来的两列波之和。

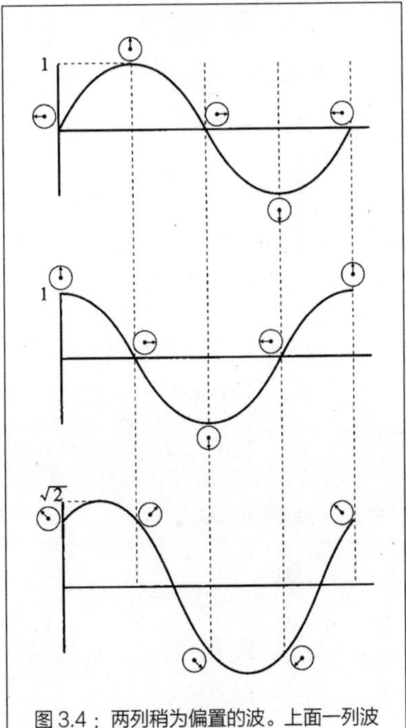

图 3.4：两列稍为偏置的波。上面一列波和中间一列波相加得到底部的波。

现在我们可以更精确地用简单的三角函数来计算任意两块钟相加的结果。在图 3.5 中，我们把指向 12 点和 3 点的两块钟面加起来。假设原来的指针长 1 cm（对应波峰高为 1 cm 的水波）。当两根指针首尾相接时，我们得到一个等腰直角三角形，腰长 1 cm。新指针长度就是三角形第三条边的长度，在三角函数中称为弦或斜边（hypotenuse）。根据勾股定理[i]，斜边的平方等于其他两边的平方和：$h^2=x^2+y^2$。代入数值得到 $h^2=(1cm)^2+(1cm)^2=2cm^2$。因此新指针的长度 h 就是 2 的平方根厘米，约 1.414 cm。那新指针指向什么方向呢？为此，我们需要知道三角形的一个内角，在图中以 θ 标出。对于这个两根指针等长，且一根指向 12 点，另一根指向 3 点的情况，也许你不借助三角函数也能算出来。斜边显然与直角边呈 45 度角，所以新的“时刻”是 12 点与 3 点的中间值，就是 1 点 30分。这个例子是特殊情形，我们选定两块钟，使其指针成直角，并且长度相等，是为了简化计算。但是，这种方法显然是适用于计算出任意两块钟面相加所得的指针长度和钟点数。

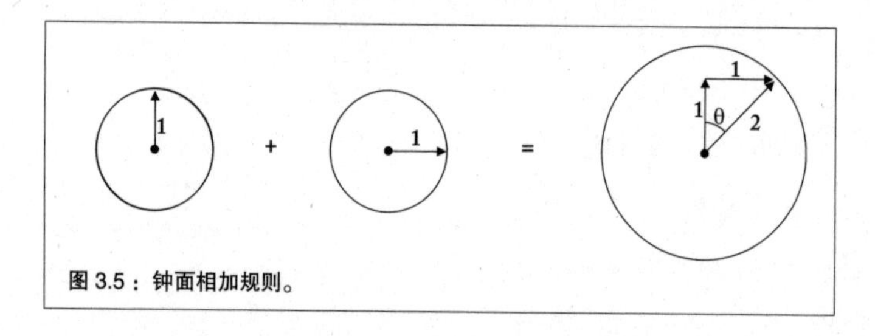

图 3.5：钟面相加规则。

现在我们再来回顾图 3.4。在新一列波的每一点上，我们都可以用刚才的算法，通过求原来的两块钟面之和，得到新钟面的

i　在外国通常称为毕达哥拉斯（希腊文Πυθαγόρας，拉丁文转写：Pythagóras）定理。

指针长和钟点，继而得知那一处的波高。如果新的钟指向 12 点，答案很明显，波处于波峰，波高就是指针长。同样当新钟指向 6 点时，显然波就处于波谷，波的深度也等于指针长。另外如果钟指向 3 点或者 9 点时，因为指针垂直于 12 点方向，则波高为零。要直接计算任意钟点对应的波高，我们需要用指针长 h，乘以指针与 12 点夹角的余弦。例如，3 点与 12 点的夹角是 90 度，其余弦值为零，因此波高也为零。与之类似，1 点 30 分与 12 点的夹角是 45 度，其余弦值为$\frac{1}{\sqrt{2}}\approx 0.707$，因此波高约为指针长乘以 0.707。如果你的三角函数知识不足以理解最后几句，大可以略过，这没有关系。这里重要的原理是：给出指针的长度和方向，就能计算出波高。只要你仔细地画好时钟，用尺子准确地测画出指针在 12 点方向上的投影，即使你不理解三角函数，也可以近似求解。（笔者明确建议，阅读本书的人不要按照这个方法做，因为学会正弦和余弦是有用的。）

这就是钟面相加的规则。我们反复应用这个规则去计算图 3.4 中两列波任意对应点之和，结果看起来不错。

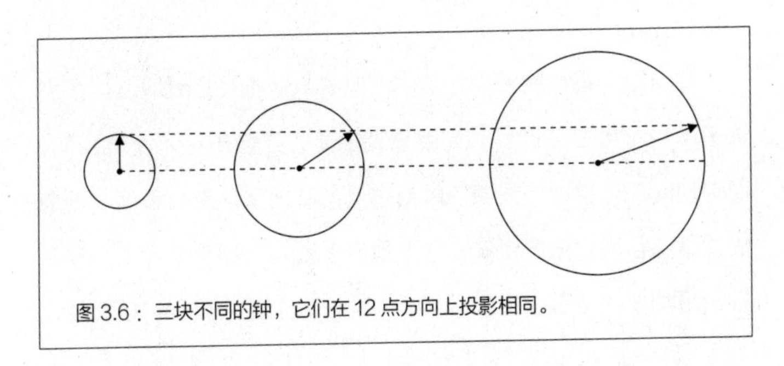

图 3.6：三块不同的钟，它们在 12 点方向上投影相同。

在这种对水波的描述中，最重要的就是指针在 12 点方向的投影，它对应一个数值：波高。看看图 3.6 里的三块钟。它们都对应相同的波高，它们表示的是相同水波高度的等价方式。这就是为什么在描述水波时，钟其实并不是十分必要。但显然它们是不同的钟，在后面的篇章将会看到，在用它们描述量子粒子时这个区别很大；因为对量子粒子而言，指针长度（或钟的大小）具有非常重要的意义。

在本书的某些地方，描述的事情会相当抽象，特别是目前阶段。为免陷入心烦意乱，我们需要登高望远。戴维孙、革末和汤姆孙实验发现的干涉图案，及其与水波实验的相似性，能启发我们做出拟设：应该用波来表示粒子，而波本身可以用很多钟面来表示。我们能想象电子波“像水波一样”传播，但我们尚未解释电子波到底是如何传播的，甚至水波的传播原理也没有解释。到目前为止，重要的是我们认识到用水波去类比，以及任何时刻的电子都可以用一列波来描述，而这列波可以像水波一样传播和干涉。在下一章我们会有更深入的认识，并且能更精确地表述：随着时间流逝，电子是如何运动的。在此过程中，我们将发现许多宝藏，包括海森伯著名的不确定性原理[i]（英文 Uncertainty Principle）。

在继续了解那些知识之前，希望我们能花一点时间，谈谈将被用于表示电子波的钟。需要强调的是，这些钟绝不是真实的，而它们的指针也和一天中的时刻完全没有关系。用一系列小钟来描述真实物理现象的想法，并不像看上去那么异想天开。物理学者们用类似的技巧来描述大自然中的许多东西，而我们已经见识

---

i 不确定性原理（英文: Uncertainty Principle；在当代德文中叫作 Unschär—ferelation），直译是模糊关系。

到如何用一系列小钟来描述水波。

这种抽象技巧的另一例是描述房间内各处的温度，它可以用一系列数来表示。这些数和我们的钟一样，并不作为真正的物理对象而存在。这些数及其在房间中对应的位置，只是便于表示温度的一种方式。物理学者把这种数学结构称为场（field）。温度场只是与每个位置都对应的一系列数。在量子粒子的情形中，场更复杂一些，因为在每个位置需要一块钟，而不只是一个数。这个场通常称为粒子的波函数（wavefunction）。波函数需要一系列钟，而温度场或水波只需要一系列数，这个差异很重要。在物理学术语里，钟的出现是因为波函数是"复数"场，而温度或水波高都是"实数"场。我们不需要这些术语，因为可以用钟面来理解[i]。

对于温度场能直接感知，而波函数不能这一事实，我们也无需担心。即使我们不能直接摸到、闻到或者看到这个场，也没有关系。说实在的，如果将对宇宙的描述，限制于能够直接感知的事物范围内，我们就无法深入研究物理。

在讨论电子的双缝实验时，我们曾说，电子波的最高处，就是电子最可能所处的位置。这种诠释使我们了解了电子击中荧幕发出的点状闪光是如何组成条纹干涉图案的。但这个描述现在不够精确了。我们希望用一个数来描述在某个特定位置找到电子的概率。这就凸显用钟来表示的必要性，因为我们想要的是概率，并不只是波高。正确的诠释应该是，指针长度的平方表示在该钟

---

i 对于熟悉数学的读者，可以如此替换词汇："钟"换成"复数"，"钟的大小"换成"复数的模长（modulus）"，"指针的方向"换成"相位"。（原书注）

所处位置找到粒子的概率。这就是为何要用钟来描述，而不是简单的数，因为前者用起来更灵活。这种诠释并非一目了然，笔者也无法很好地解释它为何是正确的。我们知道它正确，是因为它得出的预测与实验数据一致。对于波函数的这种诠释，是量子理论早期先驱者们面对的棘手问题之一。

波函数（即那些钟）是由奥地利物理学家埃尔温·薛定谔[i]（Erwin Schrödinge）在其1926年发表的系列论文中引入量子理论的。在他6月21日投稿的论文[ii]中包含了一个方程。这个方程值得每一个物理系本科生铭记在心，它很自然地被称为薛定谔方程：

$$i\hbar\frac{\partial}{\partial t}\Psi=\hat{H}\Psi$$

希腊字母 Ψ[iii] 代表波函数，而薛定谔方程描述的就是它如何随时间流逝而变化。这个方程的细节与我们的目标并不相干，因为本书不会使用薛定谔的理论方法。但有意思的是，尽管薛定谔为波函数写下了正确的方程，但在一开始他却没能给出正确的诠释。是马克斯·玻恩[iv]（Max Born），1926年仍在研究量子理论的最年长的物理学者之一，在其43岁高龄之际，仅在薛定谔的论文提交后四天就提交了论文[v]，其中给出了波函数的正确诠释。在1926年他是当时研究量子理论最年长的物理学者之一，笔者强

---

i　埃尔温·薛定谔，1887年生于奥地利维也纳，1961年卒于同地，奥地利籍爱尔兰籍理论物理学家。

ii　指题为《作为特征值问题的量子化》的四篇论文中的最后一篇，发表于德文《物理年鉴》第386卷第18期第109—139页。

iii　拉丁文转写: Psi，中文音译普西。

iv　马克斯·玻恩，1882年生于今属波兰的弗罗茨瓦夫，1970年卒于哥廷根，德国理论物理学家和数学家。

v　指题为《论碰撞过程的量子力学》的两篇论文中的第一篇，发表于《物理学期刊》第37卷第863—867页。

调这个年龄，是因为在1920年代中期，量子理论被称为“男孩物理学”（德文：Knabenphysik），大多数核心学者都年轻。1925年，海森伯23岁；沃尔夫冈·泡利[i](Wolfgang Pauli)22岁[ii]，我们在后面会提到他著名的不相容原理（Exclusion Principle）；而首先正确写出描述电子方程式的保罗·狄拉克[iii]（Paul Dirac）是22岁。人们常说，正是因为这些物理学家还年轻，所以不受传统思维方式的束缚，可以完全接受量子理论所代表的激进的新世界图景。38岁的薛定谔在这支队伍里算得上是老人，而他也的确从未对量子理论感到安心，尽管他本人在该理论发展中举足轻重。

玻恩因其对波函数的激进诠释获得了1954年诺贝尔物理学奖。在他的诠释中，某特定位置处的钟指针长度的平方，就表示在那里找到粒子的概率。例如，如果在某处的钟指针长度是0.1，则平方是0.01。这就是说，在这里找到粒子的概率是0.01，也就是百分之一。你可能会问，为何玻恩不在一开始就将指针的长度平方，这样在上一例中，指针的长度就变成了0.01。这行不通，因为我们在考虑干涉时会把钟面相加；而两个0.1的平方（0.01）求和（得出0.02），与先把0.1和0.1相加，再平方（得出0.04）的结果是不一样的。

还可以用另一个例子来展示“概率诠释”这个量子理论中的重要观念。想象我们去操作一个粒子，并用一系列特定的钟来描

---

i　沃尔夫冈·泡利，1900年生于维也纳，1958年卒于苏黎世，奥地利籍理论物理学家。

ii　原文有笔误，此时应为25岁。

iii　保罗·狄拉克，1902年生于英格兰布里斯托尔，1984年卒于美国佛罗里达州塔拉哈西，英籍理论物理学家。

述它。再想象我们有一台可以测量粒子位置的设备。这台听起来简单、做起来难的设备可能是一个能快速封闭住空间任何区域的小盒子。如果理论告诉我们，在某处找到粒子的概率是 0.01（因为钟的指针长为 0.1）的话，那么我们在这个位置周围合上盒子时，在盒子里能找到粒子的概率是百分之一。这意味着在盒子里找到东西的可能性很小。但是，如果我们重置实验，使一切归位，再次用相同的一系列钟来描述这个粒子，我们能不断重复进行这个实验，想重复几次都可以。现在，我们每 100 次望向盒子，平均都会有 1 次看到有粒子在里面，而剩下 99 次里盒子是空的。

用钟指针长度的平方计算在某特定位置找到粒子的概率，这并不让人很难领会，但它的确看起来像是我们（更准确一点说是马克斯·玻恩）凭空捏造的。从历史角度来看，它也确实让很多大科学家接受，包括爱因斯坦和薛定谔。半个世纪后，狄拉克回顾1926年的那个夏天时写道[i]：“结果发现，找到诠释比得到方程要困难得多。”尽管这很困难，值得一提的是，在 1926 年末，氢原子辐射的光谱，这个 19 世纪物理学的最大谜团之一，就分别通过海森伯和薛定谔的方程被计算出来了（狄拉克最后证明了这两种方法在所有情形中都是完全等价的）。

1926 年 12 月 4 日，爱因斯坦在寄给玻恩的一封信中写下了他反对量子力学概率性的名句：“这个理论说了很多，但并未引领我们更接近他老人家的奥秘所在。无论如何，我确信，他老

i 出自《相对论性电子波动方程》，于 1977 年 7 月 4—9 日期间发表在匈牙利科学院物理中心研究所举办的欧洲粒子物理大会上。

人家不掷骰子（德文：Der Alte würfelt nicht.）。”问题是在此之前，人们都假设物理学是完全确定性的。当然，概率不只在量子理论中存在，使用它的场景从赌马到热力学，多种多样。别忘了，热力学是整个维多利亚时代[i]工程学的基础。但是，我们在这些情形中使用概率，是因为缺乏对研究对象的了解，而不是因为某种基本性质。想想掷一枚硬币——赌博的雏形。我们对概率在这种场合的应用都很熟悉。如果掷硬币 100 次，我们预想的是，平均有 50 次是正面朝上，50 次反面朝上。在量子理论出现之前，我们必须得说，如果知道了关于这枚硬币的一切——包括掷向空中的具体方式、重力吸引、拂过房间的微风、空气温度等等——则我们在原则上就可以算出，硬币是会正面还是反面向上落地。因此，概率在这种场合中的出现，反映出的是我们对所研究体系的无知，而不是体系本身的内在性质。

而量子理论中所说的概率则完全不同，它是基本性质之一。我们只能预测粒子处于此处或彼处的概率，不是因为我们无知。即使在原则上，我们都无法预测粒子的位置会在何处。如果我们去找的话，我们能完全精确地预测的只是粒子在某特定位置被找到的概率，及这个概率如何随时间而变化。1926 年，玻恩优美地表达了这一点[ii]：“粒子之运动遵循概率法则，而概率本身则按因果律传播。”这正是薛定谔方程的作用：只要给定了它在过去的样子，用这个方程就能计算出波函数在未来的样子。就此而言，薛定谔方程类似于牛顿诸条定律。不同的是，用牛顿诸条定

---

i　英国维多利亚女王统治时期（1837—1901），其中英国开始了第二次工业革命。

ii　出自题为《论碰撞过程的量子力学》的两篇论文中的第二篇，发表于《物理学期刊》第 38 卷第 803—827 页。

律能计算出粒子在未来任意时刻的位置和速度，而用量子力学只能计算出粒子在某特定位置被找到的概率[i]。

这种预测能力的丧失，曾困扰了爱因斯坦和他的很多同行。得益于八十多年来的后见之明，和在此期间研究者们大量艰苦的工作，这些争论现在看来有些多余。我们很容易就能总结道，玻恩、海森伯、泡利、狄拉克等人是对的，而爱因斯坦、薛定谔等“老卫兵”是错的。但在那个时候，当然有可能怀疑量子理论在某些方面并不完备，而概率的出现是因为我们忽略了粒子的某些信息，正如在热力学或掷硬币中那样。今天，这种想法便罕有认同了。理论和实验的进展指出，大自然确实使用随机数；而在预言粒子位置方面丧失确定性，是物理世界的一种内在性质。计算出它出现的概率是我们能做到的极限。

---

i　也能计算出粒子被测得某特定速度的概率。

第四章　只要可能都会发生

现在我们已经搭好了理论框架，可以探索量子理论的细节了。其中的核心观念在技术上很简单，但会迫使我们直面对世界的成见，这挺麻烦。之前说过，粒子由遍布的小钟来表示；而钟面上指针的长度（平方）则表示粒子在此处被找到的概率。这些钟并非要点，它们只是数学工具，用于追踪在某处找到粒子的机会。我们还给出了钟面的相加法则，这对描述干涉现象是必不可少的。现在只要再找到一条法则，告诉我们从此刻到下一刻，这些钟会如何变化，就大功告成了。如果说牛顿第一定律告诉我们，当我们不干扰粒子时它会如何行动，那么这条新法则将代替牛顿第一定律。我们现在就从头开始，想象把单个粒子放在一个点。

我们知道如何表示位于某处的粒子，见图 4.1。会有单块钟面放在那里，指针长度为 1，因为 1 的平方是 1，意为在那里找到这个粒子的概率是 1，或者说百分之百。

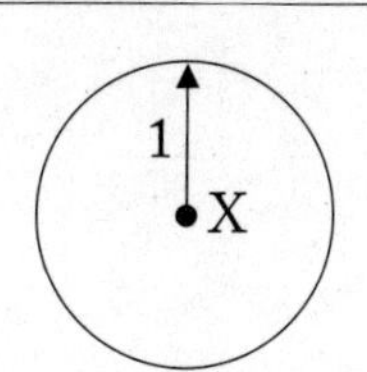

图 4.1：单块钟面，表示粒子确定地位于空间中的某特定点。

假设钟的读数是 12 点，尽管这个选择完全是任意的。只要概率不变，指针可以指向任何方向，但我们必须选取一个起点，那就 12 点好了。想要回答的问题是：在稍后某时刻，这个粒子位于其他某位置的机会是多少？换句话说，在下一时刻，我们得画多少块钟，还得把它们放在哪里？对于艾萨克·牛顿，这个问题十分笃定；如果在某处放好粒子并不去碰它，它就不会动。但大自然会相当明确地说，这是错的。事实上，牛顿错得不能再错。

正确答案是，粒子在稍后的时刻可以处在宇宙中任何其他位置。这意味着我们可以画无穷多块钟，在空间中每个可能的位置都放一块。这句话值得反复阅读多次，也许笔者得再多说几句。

允许粒子处在任何位置，相当于不对粒子的运动作出任何假设。这是我们能做的最不带成见的事情，而其中也的确有一定的禅定趣味[i]，尽管这似乎违反常识，可能也违背物理定律。

钟表示的是某种确切之物，即一个粒子在钟所在的位置被找到的可能性。如果我们知道，粒子在某时刻位于某特定位置，就用位于那里的一块钟来表示它。前面的提案是说，如果在开始时的零时刻，粒子处在某确切的位置，则在"比零时刻多一点"的时刻，我们得画出大量、应该说是无穷块钟，充满整个宇宙。这是在承认，粒子有可能在一瞬间跃至任意的所有的其他位置。我们的粒子可以同时在一纳米远，以及十亿光年外一个遥远星系中的恒星中央。这听起来，用我们的方言来讲，就是神戳戳的（原文为 daft，苏格兰方言）。但要明确的是，理论必须能解释双缝实验；正如脚趾探入静水，会有涟漪扩散，位于某处的电子也须

i 或审美趣味，看你的观点。（原书注）

随时间流逝而扩散。我们需要确定的就是，它是如何扩散的。

和水波不同，我们对电子波的提案是，它在一瞬间扩散并充满整个宇宙。从技术上讲，我们会说粒子波传播的规律和水波的传播规律不同，尽管两者都遵循某个“波动方程”。水波的方程不同于粒子波的方程（就是上一章中提到的著名的薛定谔方程），但两者都描绘了波浪形物理。区别在于描述对象从此处传播到彼处的细节。顺带一提，如果你懂一点爱因斯坦的相对论，那么在讨论粒子跃过宇宙时，可能会感到不安，因为这看似在说粒子是比光速还要快的东西。其实，粒子可以在此处，并在瞬间位移到非常远的什么地方，这与爱因斯坦的理论并不矛盾，因为真正的陈述是，信息传播速度不能超过光速，因而量子理论受此约束。正如稍后会了解到，相应于粒子跃过宇宙的动力学，和信息传递完全不同，因为无法事先得知粒子会跳到哪里。我们看似是在构造一个完全无序而混乱的理论，而你可能会想，大自然一定不会如此行事。但是，我们将在本书中看到，日常世界中的秩序，的确是由这种荒谬绝伦的行为中衍生出来的。

如果你不能轻松地接受这个无序的提案——为了描述单个亚原子粒子在下一刻的状态，我们必须用无数块小钟充满整个宇宙，别担心，大多数人都和你一样。在试图揭开量子理论的面纱并诠释它的内在机理的过程中，所有人都困惑不解。尼尔斯·玻尔有句名言写道[i]：“一个人若开始时不为量子理论感到惊骇，他绝不可能理解了它。”理查德·费曼在《费曼物理学讲义》

i 出自海森伯《部分与整体》(*Der Teil und das Ganze*，英译本标题：*Physics and Beyond*)一书第17篇《实证主义、形而上学和宗教》(1952)。

第三卷的引言[i]中也提道："我想我可以放心地说，没有人懂量子力学。"幸好，按照法则去操作，远比试着去想象这些法则究竟为何意要简单得多。小心翼翼地将一些特定假设及其后果贯彻到底，而不过度思考其哲学蕴涵，是物理学者最重要的技能之一。这完全是传承海森伯的精神：定好初始假设，然后计算推论。如果得到的预言和实际观测一致，则这个理论就可以接受。

很多问题都非常艰深，不能顿悟；而深刻的理解也绝少出现在"尤里卡时刻"[ii]。解决之道在于，确保理解每一小步，这样经过足够多步骤，就应该能看到更大的图景。若非如此，我们就会想到，之前的方向不对，必须从头开始。上一章以来的每一小步都不困难；但放下单块钟面，并在下一瞬间把它变成无穷多，这确实是个刁钻的概念，如果想把它们都画出来就更难了。正如伍迪·艾伦所说，永久是很长的一段时间，特别是快到尽头的时候。笔者的建议是，不要惊慌，不要放弃，以及任何时候，无穷都只是细枝末节。下一个任务是建立一套法则，告诉我们在放好粒子后的某时刻，这些钟看起来该是什么样子。

我们探寻的这条法则是量子力学的实质性法则；尽管当考虑宇宙中存在多于一个粒子时，还得加上第二条法则。但是事有先后，现在还是先关注宇宙中只有单个粒子的情形，这样就没人能怪我们猴急。假设在某一瞬间我们知道粒子的确切位置，就可以用一块孤立的钟来表示它。具体的目标是，找到一条规则，告诉

---

i 这里原著有误，译者没有在《费曼物理学讲义》中找到那句话。从别处找到的出处是《物理世界的本性》(*The Character of Physical Law*)。

ii 古希腊文 εὕρηκα，拉丁文 heúrēka，通过神秘灵感获得重大发现的时刻叫作"尤里卡时刻"。

我们遍布宇宙的每一块新钟，在未来的任意时刻是什么样子。

我们先不加说明地阐明清楚这条规则。几段之后会说明它们何以如此，但现在我们暂时只把它们当作既定的游戏规则。规则是：假设粒子被放下时是 0 时刻。在未来的 t 时刻，一块与初始的钟保持 x 间距的钟，其指针会逆时针转动正比于 x^2 的角度[i]；这个角度还正比于粒子的质量 m，并反比于时刻 t。用符号表示，这就是说钟指针逆时针转动的角度正比于 mx^2/t[ii]。换句话说，这意味着粒子质量越大，或者距起始位置越远，其转动角度就越大；而时间间隔越大，转动角度就越小。这是一种算法，也可以说是配方，告诉我们给定一系列钟后，如何算出它们在未来某刻的样子。在宇宙中的每一点，我们都画一块新钟，指针转过的角度按照这条规则得出。这就满足了我们的主张，粒子可以也确实会从初始位置跃至宇宙中其他所有地方，并在此过程中产生新的钟。

为了简化讨论，我们想象在一开始时只有一块钟。当然，有可能在初始时刻已经有很多钟，这表示粒子并不位于一个确切的位置。如何找到处理一大批钟的方法呢？答案是对每一块钟都重复只有一块钟时的操作，并把结果加起来。图 4.2 展示了这个想法。初始的一系列钟由小圆圈表示，而箭头表示粒子从每个初始的钟跳到位置 X，在此过程中“累积”出一块新钟。当然，每个初始的钟都会向 X 递去一块钟，而我们必须把这所有的钟面加

---

i 注意，自本章起，钟指针是逆时针转动的；而在上一章中，钟指针随着月相或者波的相位变化，是顺时针转动的。

ii 这个规则还应该给出钟指针的长度。长度的平方正比于 $(\frac{m}{t})^D$，其中 D 是粒子运动的维数，见下文。

起来，最终确切地构造出位于X的钟。这块钟指针的长度透露出之后在X处找到粒子的概率。

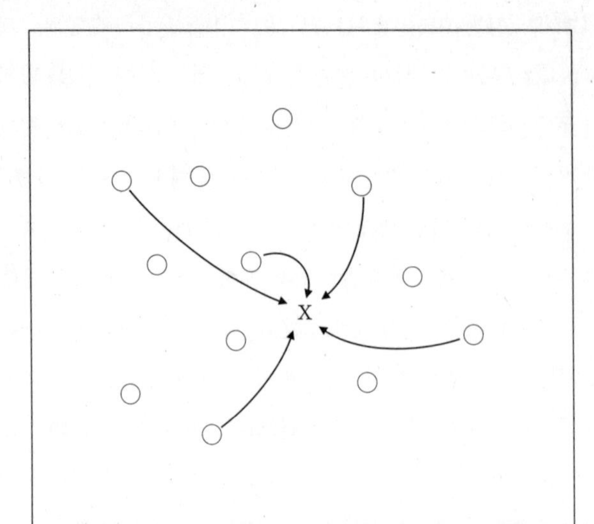

图4.2：钟的跳跃。圆圈代表粒子在某时刻的位置；我们要在每个点上都放一块钟。为计算在X处找到粒子的概率，我们要允许粒子从所有的初始位置跳到那里。箭头代表了这种跳跃中的一部分。线的形状并无含义，当然这也不代表粒子是沿着某条轨迹从初始的钟运动到X。

当粒子能从几个不同位置到达同一点时，我们把钟面加起来，这并不很奇怪。被加起来的每块钟都代表着一种粒子能到达X的不同方式。回顾前面的双缝实验，能更好地理解这里的钟面相加只是为了把对波叠加的描述，用钟面转述出来。可以想象初始的两块钟，每条狭缝处各有一块。在之后的时刻，每块钟都会向荧幕的某个特定位置递去一块钟，而我们得把放下的这两块钟加起来，才能得到干涉条纹[i]。小结一下，计算任意位置的钟的规

i 如果你理解这句话有困难，把“钟”换成“波”试试。（原书注）

则就是，用上一章里描述的规则，把所有初始钟逐个在那个位置产生的新钟都加起来。

发明这套钟和指针的语言是用于描述波的传播，同时我们也可以用这些术语来描述更熟悉的波。其实，这些想法历史悠久。荷兰物理学家克里斯蒂安·惠更斯[i]（Christiaan Huygens）早在 1690 年就对光波的传播做出了类似的著名表述。他并未谈论虚拟的钟，而是强调我们应该把光波中的每一点都看作一个次级波源（就像每一块钟都产生很多次级钟）。这些次级波重叠产生一列新波。这个过程不断重复，因此新波中的每一点也是波源，产生之后的波；后者再重叠，而波就在这种过程中前进。

现在可以回到一个有足够理由困扰你的问题。我们究竟为何选择 mx^2/t 作为钟指针的旋转量？这个量有一个名字，叫作作用量（action）；它有一段悠久而可敬的历史。无人真正理解为何大自然以如此基本的方式运用它，这就是说无人真正能解释为何这些钟会转过这个角度。这就引出了下一个问题：怎么会有人意识到作用量的重要性？德国哲学家和数学家戈特弗里德·莱布尼茨[ii]（Gottfried Leibniz）于 1669 年在一篇未发表的作品里首先提出了作用量，尽管他未能找到在计算中应用它的方法。作用量由法国科学家皮埃尔·路易·莫罗·德·莫佩尔蒂[iii]（Pierre—Louis Moreau de Maupertuis）于 1744 年重新引入，随后被他的朋

i 克里斯蒂安·惠更斯，1629 年生于海牙，1695 年卒于同地，荷兰天文学家。

ii 戈特弗里德·莱布尼茨，1646 年生于莱比锡，1716 年卒于汉诺威，德国哲学家、数学家及启蒙运动家。

iii 皮埃尔·路易·莫罗·德·莫佩尔蒂，1698 年生于法国伊勒—维莱讷省圣马洛区的圣茹昂代盖雷特，1759 年卒于瑞士巴塞尔，法国数学家。

友，数学家莱昂哈德·欧拉[i]（Leonhard Euler）用于建立一套描述大自然的全新原理，相当有力。想象一个球飞过空中，欧拉发现，该球轨迹上任意两点间的作用量始终小于其他任意轨迹所需的作用量。对于球的例子，作用量与球的动能和势能之差有关[ii]。这被称为“最小作用量原理”（principle of least action），可在某些情况下用于替代牛顿第二和第三定律。初看起来，这个原理很古怪，看似球为了以极小化作用量的方式飞行，它需要在抵达某处之前，就得知道它会到那。若非如此，作用量又怎么会在球飞过空中之后被最小化呢？以这种方式表述的最小作用量原理貌似遵循的是目的论：事情是为了实现预定的结果而发生。目的论的想法在科学中名声通常很坏，原因也很明显。在生物学中，复杂生物出现的目的论解释，会等同于支持造物主存在的论证，而达尔文[iii]（Charles Darwin）的自然选择进化论，能给出更简单的解释，并且美妙地符合所有数据。在达尔文地理论中，没有目的论的成分：生物体通过随机突变产生变异，而来自环境的外界压力和其他活物共同决定哪些变异会被传给下一代。只靠这个过程，就能形成我们今天在地球上看到的复杂性。换句话说，生物既不需要宏图远谋，也不会日臻完美。与之相反，生物进化是随机行走（random walk），由基因在不断变化的外部环境中不完美地

---

i 莱昂哈德·欧拉，1707 年生于瑞士巴塞尔，1783 年卒于俄国圣彼得堡，瑞士数学家、自然科学家和工程师。

ii 对于质量是 m、离地面高度是 h 的球，其动能等于 $mv^2/2$，而势能为 mgh。g 是所有物体在地球附近自由下落时的加速度。一段运动的作用量，是动能与势能之差，在这段运动两端点之间对时间的积分。（原书注）

iii 查尔斯·达尔文，1809 年生于英国什鲁斯伯里，1882 年卒于今天的布罗姆利区，英国博物学家。

复制所产生。获得诺贝尔奖的法国生物学家雅克·莫诺[i]（Jacques Monod）甚至将“系统性或公理性地否定科学知识可以由显性或隐性地基于目的论原理的理论中得到”称为现代生物学的里程碑。

就物理学而言，对于最小作用量原理是否有效，并无争议；因为它给出的计算结果能正确描述大自然，是物理学的一块基石。只要我们引入费曼的量子力学方法，就可以论证最小作用量原理根本不是目的论的，这些争议就能平息了。飞过空中的球“知道”要选择哪条路径，因为它暗中探索了每一条路径。

钟指针旋转角度规则和作用量的关系是如何被发现的？从历史角度来讲，狄拉克是探索包含作用量的量子理论形式第一人，但他却剑走偏锋，将研究发表在一本苏联期刊中，以示支持苏联科学。以《量子力学中的拉氏量》[ii]为题的这篇论文发表于1933年，多年以来蛛网尘封。1941年春，年轻的理查德·费曼已经着手思考，如何用经典力学最小作用量原理导出的拉氏公式发展一套量子理论的新方法。在普林斯顿的一场啤酒派对上，他遇上了赫伯特·杰勒[iii](Herbert Jehle)，一位来自欧洲的访问物理学家。像所有物理学者们喝了几杯后都会做的那样，他们开始讨论研究思路。杰勒记得狄拉克的尘封论文，第二天他们就在普林斯顿图书馆里找到了它。费曼立刻开始用狄拉克的理论形式计算。那个下午，就在杰勒的注目下，费曼发现他能从作用量原理中导出薛

---

i 雅克·莫诺，1910年生于巴黎，1976年卒于戛纳，法国生物学家。

ii 发表于德文的《苏联物理学期刊》第3卷第1期，第64—72页。

iii 赫伯特·杰勒，1907年生于德国斯图加特，1983年卒于德国科布伦茨附近，德籍美籍物理学家。

定谔方程。这是前进的一大步，尽管费曼一开始以为狄拉克一定也已经导出了相同的结果，因为这看起来非常容易；如果你是费曼当然就会觉得容易。费曼后来询问狄拉克，是否知道他 1933 年的论文只要在数学上多推导几步，就能得到这个结果。据费曼回忆，狄拉克在作完一堂乏善可陈的报告后，躺在普林斯顿的草坪上，简单地答道："不，我不知道。有点意思。"狄拉克是有史以来最伟大的物理学家之一，但也是个沉默寡言的人。同为最伟大的物理学家之一的尤金 · 维格纳[i]（Eugene Wigner）评价说："费曼是第二个狄拉克，只是这次他更接近人类。"

小结：我们阐明了一条规则，使我们能写下完整的一系列钟来表述粒子在某时刻的状态。这条规则有点奇怪：用无穷块钟充满整个宇宙，它们的指针相对旋转量取决于作用量，一个古怪但有历史重要性的量。如果两块或更多块钟落在同一处，就将其相加。这条规则的前提是，必须接受粒子能从宇宙中的任意特定位置，在无穷短的时间内，就跳到其他任何地方。我们在一开始就说过，这些怪异的想法最终必须经受大自然的考验，才能看出是否含有合理的成分。首先，我们来看一个十分具体的例子：海森伯的不确定性原理，作为量子理论的基石之一，是如何从这表面的混乱中衍生出来的。

海森伯的不确定性原理

i 尤金 · 维格纳，1902 年生于匈牙利布达佩斯，1995 年卒于美国新泽西州普林斯顿，匈牙利裔美籍物理学家。

海森伯的不确定性原理是量子理论中最受误解的部分之一，它是一道门，各种江湖骗子跟杂碎[i]贩子都能通过它编出一套哲学沉思。海森伯的不确定性原理被他发布在 1927 年的一篇题为《论量子理论运动学与力学之物理内涵》(Über den anschaulichen Inhalt der quantentheoretischen Kinematik und Mechanik) 的德文论文中。这篇论文的题目很难被翻译成英文。难点在于 *anschaulich*，意思大概是“物理的”或“直观的”。海森伯的动力来源似乎是因为恼火于看到薛定谔的量子理论形式由于更符合直观，而比自己的版本更广为接受，尽管两者能够得出同样的结果。在 1926 年春，薛定谔确信，他关于波函数的方程，给出了原子内部活动的物理图像。他以为，他的波函数是一种能可视化的东西，跟电荷在原子内的分布有关。后来证实这是不正确的，但它至少让物理学者在 1926 年的前六个月中感到舒适，直到玻恩引入了他的概率诠释。

在另一方面，海森伯已经基于抽象的数学建立了自己的理论，能极其成功地预言实验结果，但却没有一个清晰的物理来诠释。1926 年 6 月 8 日，海森伯在写给泡利的一封信中表达了他的烦恼[ii]，“关于薛定谔理论的物理部分，我思考得越多就感到越厌恶。关于他理论的 Anschaulichkeit[iii]，薛定谔写道‘不太可能是恰当的’，我换句话说就是 Mist。”德文 Mist 的翻译是“垃圾”

i 英文维基百科将“肚”（三声）形容为一种来自多种畜养动物胃部的可食用内脏 / 杂碎；但它在口语中也指废话或胡扯。在这句话中这两种解释都很适当。（原书注）

ii 取自泡利《与玻尔、爱因斯坦、海森伯等人的科学通信：卷 1（1919—1929）》中第 136 篇，Springer 出版社。

iii 德文，直观性。

或者“胡扯”……或者“杂碎”。

海森伯决定要做的是，探索“直观图像”或者说是Anschaulichkeit，对于物理学理论应为何种含义。他问自己，量子理论该如何解释关于粒子的常见性质比如位置呢？本着他最初的理论精神，海森伯提议，对于粒子的位置，只有阐明清楚如何测量它，它才有确切的含义。如果不能准确地描述怎么找到，就不能问氢原子中电子在哪。这听起来可能像语言游戏(semantics)，但它绝对是有据可循的。海森伯意识到，测量动作本身就会引入扰动，这限制了我们能“认识”电子的程度。具体一点，在他的原始论文中，同时测量粒子的位置和动量时，海森伯估算出了两个测量精确度之间的关系是什么。在他著名的不确定性关系中，海森伯阐述，如果 Δx 是我们对粒子位置知识的不确定度（希腊字母 Δ 读作“delta”或“德尔塔”，所以 Δx 读作“delta x”或“德尔塔艾克斯”），而 Δp 是对应的动量不确定度，则：

$$\Delta x \Delta p \sim h$$

其中 h 是普朗克常数，而“~”意为“在数量级上相当”。用文字表达就是，粒子位置和动量的不确定度之乘积，大致等于普朗克常数。这意味着，我们愈是精确地确定粒子位置，对其动量就所知愈少，反之亦然（拉丁文：vice versa）。海森伯得出这个结论，是通过对光子在电子上散射的深入思考。光子是“看到”电子的方式，如同我们看到日常物体，是通过光子散射于其上，并落入我们的眼睛一样。通常，从物体上反弹的光，对物体的扰动难以觉察，但得承认，我们在基本层面上，不能把测量独立于被测物之外。人们可能会烦恼，是否有可能通过设计适当、巧妙的实验，来打破不确定性原理的限制。下面将展示，这是不可能的；而不确定性原理是绝对基本的，因为我们将只用钟的理论来推导它。

用钟的理论来推导海森伯的不确定性原理

不同于先前针对开始于单点位置的单个粒子，我们将考虑"大致知道粒子位置但不知道它究竟在哪"的情形。如果知道一个粒子位于空间中的某个小区域，则我们应该用一群填满该区域的钟来表示它。在区域中的每一个点上都有一块钟，而钟指针长度的平方将会表示在该处找到粒子的概率。如果把钟指针的长度求平方，并把它们都加起来，就会得到 1。也就是说，在这块区域中找到粒子的概率是百分之百。

我们过一会儿将用量子规则做一项严肃的计算。不过首先笔者得和盘托出，之前在钟转动规则的部分，未能做一条重要的补充说明。笔者之前没有引入它，因为这是一个技术细节；但如果要计算真正的概率，忽略了它就不会得到正确的答案。这条细节和我们在上一段末尾所说的内容有关。

如果我们从单个粒子所在位置的钟开始，则钟指针长必须是 1，因为这个粒子必须以 100% 的概率能在钟所处的位置被找到。根据我们的量子规则，为了描述从起始位置跳跃之后某时刻的粒子，我们应该将钟传送到宇宙中所有的位置。显然，不能让所有钟指针的长度都保持为 1，因为那样我们的概率诠释就崩塌了。举例来说，想象粒子由四块钟描述，对应位于四个不同位置的情形。如果每块钟的大小都是 1，则粒子位于四个位置中任一个的概率就是400%，这当然是荒谬的。为了修补这个问题，除了将这些钟顺时针旋转，还须缩小它们。这条“收缩规则”是说，在所有新的钟都产生出来后，每块钟都应该以钟总数的平方根为倍数收缩[i]。对于四块钟的情形，那就是说每条指针都须缩小$\sqrt{4}$倍，也就是说最终每块钟的指针长都是1/2。这样，在四块钟的每一块那里，都有（1/2）^{2}=25%的机会找到这个粒子。用这种简单的方式，我们就能保证，在某处找到粒子的总概率永远是100%。当然，可以有无穷多可能的位置，此时一些钟的大小是零。这可能让人担心，但数学可以处理它。对我们来说，只要想象钟的数量是有限的就够了；并且在所有情形中我们都永远无需知道，一块钟到底收缩了多少。

让我们回到之前的例子中，考虑宇宙中有单个粒子，且不知道其精确的位置。你可以把下面一节当作一个数学小谜题。初次阅读时会感到棘手，也许值得重读一遍；但如果你能够跟上思路，就能明白不确定性原理是如何出现的。简单起见，假设粒子运动于一维，就是说它位于一条直线上某处。更实际的三维情形在本质上没有区别，只是更难画出来罢了。在图4.3中我们绘出了这种情形，用位于一条直线上的三块钟来表示。我们应该想象，钟比这要多得多，在每一个粒子可能处于的位置上都会有一块，但这会非常难画出来。三号钟坐落在初始钟群的最左端，一号钟在最右端。重申一下，这表示的情形是，我们知道粒子从一号到三号钟的中间某处开始运动。牛顿会说，如果我们不去动粒子，则

---

i 严格来说，将所有的钟收缩相同的倍数，仅当我们忽略爱因斯坦的狭义相对论时，才是正确的。否则，一部分钟会收缩得比其他钟更多。这里我们不用担心。（原书注）

它会停在一号和三号钟之间。但量子规则会说什么呢？这就是乐趣的起点，我们会反复应用钟的规则，来回答这个问题。

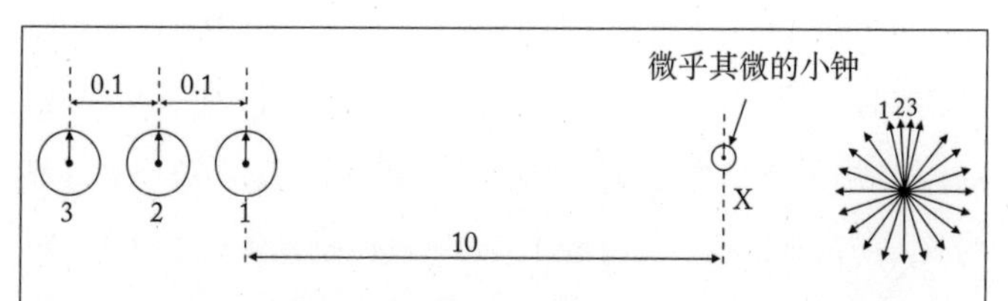

图 4.3：三块位于一条直线上的钟都指向相同的时间，这描述了一开始位于这些钟所处的区域。我们感兴趣的是，在之后某时刻，在 X 点处找到粒子的概率。

让我们允许时间滴答前进，并搞明白这一列钟会如何变化。我们会从一个离初始钟群很远的特定位置开始考虑，在图中记为 X。后面会对“很远”做更定量的描述，但是现在它就只意味着需要把钟转很多圈。

应用这场游戏的规则，我应该把初始钟群里的每一块钟都移动到 X 点处，相应地转动指针并收缩指针。在物理上，这对应粒子从初始的一群位置中跃至 X 点处。每块在直线上的初始钟都给出一块到达 X 处，所以会有很多钟，我们应该把它们加在一起。求和结束之后，在 X 处所得到钟指针的长度平方就给出了在 X 处找到粒子的概率。

现在让我们代入一些数，看看结果如何。比如说，位置 X 距离钟 1 的距离是“10”单位，而整个初始钟群有“0.2”单位宽。为了回答一个显而易见的问题“10 单位有多远？”，稍后会将普朗克常数引入叙事，但现在我们机巧地回避这个问题，只是简单给出，1 单位长度对应钟转过 1 整圈（12 个小时）。这就是说，位置 X 大约在初始钟群的 10^2=100 整圈远处（回忆一下转动规则）。我们还将假设，初始钟群钟的钟大小相同，并且都指向 12

点。假设它们大小相同，就只是说粒子处于图中位置 1 和 3 之间任何位置的概率相同；假设它们读数相同的重要性将适时出现。

要把钟从位置 1 移动到位置 X，根据我们的规则，必须逆时针旋转钟指针整 100 圈。现在我们来到要比位置 1 更远 0.2 单位的位置 3，并把那里的钟移动到 X。这块钟得经过 10.2 单位才能到 X，所以我们得把它的指针多转一点，也就是 10.2^2，结果很接近 104 整圈。

现在有两块钟落在 X，分别对应粒子从位置 1 和位置 3 跃至 X 的情形，而我们要开始计算最后的钟，就必须把它们加起来。因为它们旋转的圈数都十分接近整数，两块钟都大约指向 12 点，因此它们相加的结果是一块更大的钟，也指向 12 点。注意，只有钟指针的最终方向才是重要的。我们不需要追踪它们转过多少圈。到这里都还行，但我们还没完，因为在钟群最左和最右端之间，还有很多小钟。

所以，我们现在把注意力放在左右两端的中点上，也就是位置 2。那块钟距离 X 有 10.1 单位远，这意味着它将转动 10.1^2 圈。这十分接近 102 整圈——又是整数圈。得把这块钟和位置 X 上已有的两块钟加起来。同之前类似，这会让位置 X 处钟的指针更长。再接再厉，在位置 1 和 2 之间也有中点，那里的钟跃至 X 会转过 101 整圈，这还是会让最终的钟指针更长。但现在重点来了。如果从位置 1 和上述中点这两个点的中点出发，我们就会得到一块钟，把它移动到位置 X 时会转过 100.5 圈。这对应一块指向 6 点的钟。当我们加上这一块钟时，就会减小位置 X 处钟指针的长度。你稍加思索就会确信，尽管位置 1、2 和 3 产生的钟移动到 X 后都指向 12 点，并且尽管 1、2 和 3 的中点也产生指向 12 点的钟，但在位置 1、3 之间的 1/4、3/4 处，以及位置 2、3 之间的这两处，都生成指向 6 点的钟。总计有五块钟指向上，4 块钟指向下。当我们把这些钟加起来时，在 X 处得到的结果是一块指针很短的钟[i]，因为几乎所有的钟都抵消了。

这种简单考虑下的“钟的抵消”现象，显然可以延伸到实际情况中，即考虑位置 1 到 3 之间的所有位置。例如，位置 1、3 之间的 1/8 处，会贡献一块示数为 9 点的钟，而 3/8 处会贡献一块 3 点的钟。它们再次彼此抵消。最后的净效应是，粒子从钟群中某处出发并到达 X，这样的所有跳跃方式所对应的钟互相抵消。这种抵消展示在图 4.3 的最右端。箭头表明从初始钟群的各个位置出发并到达 X 的钟的指针。将这些箭头全部加在一起的净效应是它们全部互相抵消。这就是需要记住的关键信息。

重申一遍，我们刚刚说明了，只要初始的钟群足够大，并且位置 X 足够远，那么对于每一块到达 X 并指向 12 点的钟，都会有另一块钟，到达 X 时指向 6 点，从而抵消前者；对于每块到达时指向 3 点的钟，都会有另一块指向 9 点的钟到达，并抵消前者，等等。这种全盘抵消意味着，实际上根本没有机会在 X 处找到粒子。这实在是鼓舞人心又饶有趣味，因为它看起来更像是在描述一个不动的粒子。尽管我们的出发点是一个貌似滑稽的提案，一个粒子从空间中的单点位置出发，可以在短时间后到达宇宙中的任何位置，我们现在发现，如果开始时有一群钟，就不会出现这种滑稽的情况。对于一块钟群，因为钟之间相互干涉的方

---

i　别忘了前文的收缩规则；对于五上四下的情形，结果是一块指向 12 点、指针长度为原来 1/3 的钟。

式，粒子实际上没有机会远离它的初始位置。这个结论，用牛津大学教授詹姆斯·宾尼[i](James Binney)的话来说，是来自“量子干涉的狂欢”[ii]。

为使发生“量子干涉的狂欢”以至于相应的钟抵消，位置X需与初始钟群隔得足够远，以使钟可以旋转很多圈。为什么呢？因为如果位置X太近，那么钟指针不一定有机会转过至少一整圈，这意味着它们不会有效地互相抵消。例如，想象一下，在图4.3中，从位置1的钟到X的距离是0.3而不是10。现在钟群前端的钟在移动后转过的圈数比以前少，对应0.3^2=0.09圈，这意味着它指向1点多一点[iii]。类似地，从钟群后端的位置3出发的钟，现在转过0.5^2=0.25圈，这意味着它的读数是3点。结果就是，所有到达X的钟都指向1点和3点之间的某个位置，这意味着它们并不相互抵消，反而相加形成一块大钟，指向约2点。所有这些都相当于在说，在靠近原始钟群但在它之外，有合理的机会能找到粒子。笔者说“靠近”的意思是，钟在移动前后，指针的旋转不超过一圈。这就有了一点不确定性原理的味道，但还是有些模糊。所以，我们来探索“足够大”的初始钟群以及“足够远”的位置究竟是什么意思。

我们追随狄拉克和费曼而做出的初始拟设是，描述粒子的钟指针转过的圈数正比于其作用量。对于质量为m、在t时间内跃过距离x的情形，这正比于mx^2/t。如果我们想得到具体的数，

---

i 詹姆斯·宾尼，1950年生于伦敦，英国天体物理学家。

ii “orgy of quantum interference”，语出宾尼于2009年在牛津大学教授的量子力学课程。

iii 1点对应转过圈。

说“正比于”就不够好。需要知道精确的转动圈数。在第二章中我们讨论过牛顿的引力定律。为了得到定量的预测，我们引入了牛顿引力常数，它决定了引力的强度。有了牛顿引力常数，就可以把数代入方程中，算出具体的结果，比如月球的轨道周期，或者“旅行者2号”航天器在太阳系中旅程的轨道。我们现在需要量子力学中的相似物，一个大自然的常数，能“设定尺度”，让我们对于在特定时间内由初始位置被移过特定距离的粒子，能根据其作用量计算出钟的精确旋转圈数。那个常数就是普朗克常数。

普朗克常数简史

在1900年10月7日一个妙思泉涌的夜晚，马克斯·普朗克设法解释了灼热物体辐射能量的方式。在整个19世纪下半叶，灼热物体的光辐射波长分布与其温度的确切关系，是物理学界的最大谜团之一。所有灼热物体都发射光，且随着温度增加，光的性质也会改变。我们很熟悉彩虹这样的可见波段的光；但光也能以对肉眼来说过长或过短的波长出现，这样人就看不见它们。比红光波长更长的光称之为红外（infra—red）光，可以透过夜视镜看到。波长更长的光对应无线电波。类似地，比蓝光波长更短的光称之为紫外（ultra—violet）光，而最短波长的光一般称为“伽马射线”。室温下，一块未燃烧的煤会发射出光谱（spectrum）中红外部分的光。但如果我们将其投入火堆中，煤块就会开始发出红光。这是因为，随着煤块的温度上升，其辐射光的平均波长减小，最终进入我们肉眼可见的范围。规则是，物体愈热，发射光的波长越短。在19世纪，随着实验测量精度的提升，依然没人知道该用什么样的数学公式来正确地描述这项观测。这个问题常被称为“黑体（black body）问题”，因为物理学者把能完全吸收并发出辐射的理想化物体称为“黑体”。这个问题很严峻，因为它代表着我们无法理解任何或者说是所有物体发出的光的性质。

在普朗克于柏林被任命为理论物理学教授之前的许多年里，他一直在仔细思考这个问题，并将热力学和电磁学领域中的内容联系了起来。普朗克的这个教授职位早前也被提供给了玻尔兹曼[i]（Ludwig Boltzmann）和赫兹，但两人都拒绝了。当时的柏林正是黑体辐射的实验研究中心，普朗克能沉浸于实验工作的核心这实属巧合，而这成了他后来展现的理论物理绝技的关键。当物理学者与同事进行广泛而无计划的谈话时，往往工作成效最佳。

我们非常清楚普朗克获得启示的日期和时刻，因为他和家人在 1900 年 10 月 7 日和他的同事海因里希 · 鲁本斯[ii]（Heinrich Rubens）一起度过了一个下午。在午餐时，他们讨论了当时的理论模型在解释黑体辐射的细节时的失败。到了晚上，普朗克在一张明信片上草草写下一个公式，并寄给了鲁本斯。结果它就是正确的公式，但它也的确十分奇怪。后来据普朗克描述，这是他在尝试过其余所有能想到的方案后的“背水一战”。直到现在也没有人知道普朗克究竟是如何得到他的公式的。在阿尔伯特 · 爱

---

i　路德维希 · 玻尔兹曼，1844 年生于维也纳，1906 年卒于今属意大利的杜伊诺，奥地利物理学家和哲学家。

ii　海因里希 · 鲁本斯，1865 年生于威斯巴登，1922 年卒于德国柏林，德国物理学家。

因斯坦的经典传记《上帝难以捉摸》[i]中，作者亚伯拉罕·派斯[ii]（Abraham Pais）写道："他（普朗克）的推理是疯狂的，但他的疯狂具有神圣的品质，只有最伟大的过渡型人物才能带给科学。"普朗克的提案既费解又具革命性。他发现，只有当假设发射光由大量小能量"包"组成时，他才能解释黑体辐射光谱。换句话说，总能量以一个新的大自然基本常数为单位而量子化，普朗克将其称为"作用量的量子"。今天，我们称其为普朗克常数。

尽管普朗克在当时并未意识到这一点，他的公式其实在暗示，光总是以小包或者说量子的形式被发射和吸收。在现代记号中，这些小包含有能量 $E=hc/\lambda$，其中 λ（读作 lambda 或兰布达）是光的波长，c 是真空中的光速，h 是普朗克常数。在这个公式中，普朗克常数是换算因子，将光的波长换算成与之关联的光量子的能量。普朗克认为，光本身由粒子组成，所以辐射光能量是量子化的。而这个最初是由阿尔伯特·爱因斯坦在他创造力井喷的 1905 年提出的[iii]。在这个被称为奇迹年（拉丁文：annus mirabilis）的年份里，他还创造了狭义相对论，以及科学史中最著名的公式，$E=mc^2$。爱因斯坦在 1921 年由于在光电效应上的工作获得诺贝尔物理学奖（而由于诺奖的神秘规定，他在 1922 年才获得颁奖[iv]），而非更有名的两种相对论。爱因斯坦提议，光可以被看作

i 原题为 Subtle is the Lord，有方在庆等译的中译本。

ii 亚伯拉罕·派斯，1918 年生于荷兰阿姆斯特丹，2000 年卒于丹麦哥本哈根，荷兰物理学家和物理史学家。

iii 在论文《关于光的产生和转变的一个启发性观点》中，发表在德文《物理年鉴》第 322 卷第 6 号第 132—148 页。

iv 在诺贝尔奖官网上可以查到，1921 年时没有提名者达到获奖条件；诺贝尔基金会依照章程，将当年奖项保留至次年。

是粒子流（他在当时没有使用“光子”一词）；他还正确地认识到，每个光子的能量反比于其波长。爱因斯坦的这个猜想是量子理论中最著名的佯谬之一的起源——粒子的行为像波，反之亦然。

普朗克向人们展示，要描述热物体发射的光能，只能假设发射是以量子的形式。这就从麦克斯韦关于光的图像那里挖走了墙脚的第一块砖。最终是爱因斯坦挖空了墙脚，让经典物理学的大厦轰然倒塌。他对光电效应的诠释，不仅要求光以小包发射，还要求它与物质以局域波包的形式相互作用。换句话说，光的行为真的像粒子流一样。

光由粒子组成的，或者说，“电磁场是量子化的”，这种观念极富争议，在爱因斯坦首次提出它的数十年后仍未被接受。爱因斯坦的同僚不愿接受光子的观点，这可以从推荐爱因斯坦加入声名卓著的普鲁士科学院（德文：Preußische Akademie der Wissenschaften）的一份提案中看出来。这份由普朗克本人联署的推荐案完成于 1913 年，距爱因斯坦引入光子晚了整整八年[i]：

> 综上所述，在当代物理学如此众多的重大问题中，几乎没有一个是爱因斯坦未曾做出重要贡献的。他在推测中有时也会无的放矢，如他的光量子假说，但这不能过分苛责他；因为若不偶尔勇于冒险，就不能在最精确的自然科学中引入真正的革新。

换句话说，没有人真正相信光子是真实的。人们普遍认为普

---

i 德文原文可在 S. Grundmann, *Einsteins Akte*, Springer, 2004 一书中找到。

朗克较为稳妥，因为他的提案更多地涉及物质的性质——发射出光的小振子——而不是光本身更有关联。要相信麦克斯韦的优美波动方程需要被替换成一个粒子理论，实在是太奇怪了。

笔者提及这段历史，部分原因是为了让你相信这些困难是要接受量子理论所必须面对的。难以形象地想象一个东西，比如一个电子或光子，表现得有一点像粒子，又有一点像波，或者谁都不像。爱因斯坦在余生中始终保持着对这些问题的关注。在1951年，也就是去世前四年，他写道：“五十年的沉思没能使我接近这个问题的答案一步：什么是光量子？”

六十年之后，无可辩驳的是，这个我们正在用一系列小钟来构建的理论，能以可靠的精度给出所有用于检验它的实验结果。

回到海森伯不确定性原理

那么，这就是引入普朗克常数的历史。但是在我们的目标中，最值得关注的东西，是普朗克常数具有“作用量”的单位；换句话说，它和告诉我们钟要转动多少的量，是同一种东西。它的当代数值是 $6.6260695729\times10^{-34}\ \mathrm{kg\cdot m^2/s}$，用日常标准来衡量是极小的。这就是我们没有在日常生活中感受到它无处不在效果的原因。

回忆一下前文中，当粒子从一处跃至他处，对应的作用量就是粒子的质量乘以跳跃距离的平方，再除以跳跃发生的时间间隔。这个结果以 $\mathrm{kg\cdot m^2/s}$ 单位度量，和普朗克常数一样，所以如果简单将作用量除以普朗克常数，就能抵消所有的单位，得到一个纯数。按照费曼的方法，这个纯数就是我们在考虑粒子从一处跃至他处的情形中，与之关联的钟要转动的角度。例如，如果这个数是 1，就是说转动 1 整圈；如果是 1/2，则转动 1/2 圈，以此类推。用符号表示，在粒子于 t 时间内跳过 x 距离的情形中，钟指针转过的精确圈数是 $\frac{mx^2}{2ht}$。注意因子 1/2 出现在了公式中。你既可以认为需要这个因子是为了符合实验，也可以注意到它来自作用量的定义[i]。两者都行。现在我们知道了普朗克常数的数值，就可以真正量化转过的圈数，并且解决前面留下的问题。就是说，跳过“10”单位距离到底是什么意思？

让我们看看，用这个理论处理日常标准中的小物体——一粒沙子，会得到什么。我们发展出的量子力学理论表明，如果把沙粒放在某处，则在之后某时刻，它可以位于宇宙中的任意位置。但这显然不会发生在一粒真实的沙子上。我们已经瞥见了解决这个潜在问题的方法，因为如果钟之间有足够的干涉，对应沙粒从多个不同的初始位置开始跳跃，则它们会互相抵消，使沙子保持静止。我们需要回答的第一个问题是，如果我们把质量等于一粒沙的粒子，在一秒时间内，搬运 0.001 毫米，钟会转过多少圈？我们不能够用肉眼看到这么小的距离，但对于原子尺度来说它还是相当大的。你可以很容易地将这些数代入费曼的旋转法则中，并算出结果[ii]。答案是钟大约得转动一亿年。想象一下这么多圈能产生多少干涉。最终结果是，沙粒留在原处，并且它跳到可辨远处的概率几乎没有，尽管我们真得考虑这粒沙子曾暗中跃至宇宙

i 对于质量为 m、在 t 时间内跃过 x 距离的粒子，如果粒子做匀速直线运动，则作用量为 $\frac{1}{2}m(\frac{x}{t})^2t$。但这并不意味着量子粒子在从此到彼的运动中走直线。钟的旋转法是这样获得的：将两点间粒子可能通过的每一条路径都关联上一块钟，并把它们加起来。最后能得到这个简单的结果，纯属巧合。例如，如果引入修正，使之与爱因斯坦的狭义相对论一致，那么钟的旋转法则就不这么简单了。（原书注）

ii 一粒沙的典型质量是约 1 微克，就是一千克的十亿分之一。（原书注）

各处的可能性，这才得到了那个结果。

这个结果十分重要。如果你自己代入数据做计算，就会意识到事情的原因：普朗克常数极小。写出完整形式，它的值是 0.000000000000000000000000000000000066260695729 kg · m²/s。用任何日常的数除以它，都会得到很大的转动圈数以及很多干涉相消。结果就是，沙粒横跨宇宙的诸次异域之旅完全互相抵消，而在我们的感知中，这位穿越寰宇的旅行者只不过是一粒无趣的沙尘，纹丝不动地躺在沙滩上。

我们特别感兴趣的当然是，钟没有互相抵消的情形。我们已经看到，如果钟的转动不超过一圈，就会发生这样的情形。这种情形下，“量子干涉的狂欢”就不会发生。下面来看看这在定量上意味着什么。

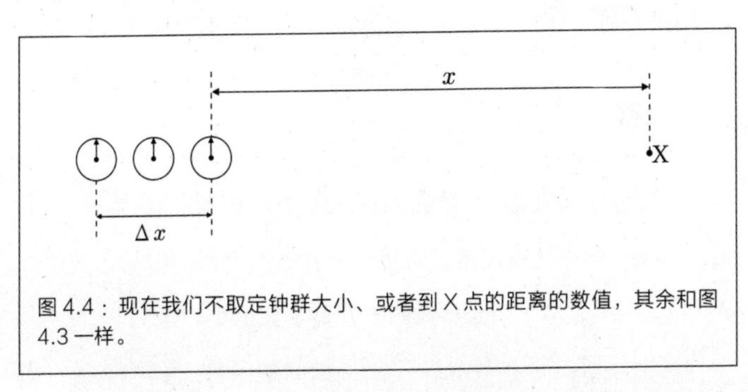

图 4.4：现在我们不取定钟群大小、或者到 X 点的距离的数值，其余和图 4.3 一样。

我们回到图 4.4 中画出的钟群，但是这次的分析会更抽象，而不是使用具体的数。我们假设，钟群的大小等于 Δx，而 X 到钟群中最近位置的距离是 x。在此情形中，钟群大小 Δx 对应我们对粒子初始位置认识的不确定性；它从一个大小为 Δx 的区域出发。我们从点 1 也就是钟群中离 X 最近的位置开始，从这个点跃至 X，对应的钟的旋转量为

$$W_1 = \frac{mx^2}{2ht}$$

现在我们来考虑最远的点 3。把钟从那里移动到 X，它会转过更多的量，即：

$$W_3 = \frac{m(x + \Delta x)^2}{2ht}$$

现在我们可以精确地阐述，钟从钟群中所有点传播到 X，并且不抵消的条件：分别从钟 1 和钟 3 出发的钟，转动圈数之差应不小于一整圈，即：

$$W_3 - W_1 < \text{一圈}$$

完整写下来就是：

$$\frac{m(x + \Delta x)^2}{2ht} - \frac{mx^2}{2ht} < 1$$

我们现在将考虑特殊情况，其中钟群的大小 Δx 远小于距离 x。这就是说，我们希望粒子跃到远离其初始领域的地方。在这种情形中，从上一个式子中直接推出的钟不完全抵消的条件是：

$$\frac{mx\Delta x}{ht} < 1$$

如果你懂一点数学，就能由打开括号项并忽略掉包含（Δx）^{2} 的所有项，得到这个结果。这是一个有效的近似，因为之前说过 Δx 和 x 相比非常小，而小量的平方是小上加小。

这个式子就是在 X 处钟不完全抵消的条件。我们知道，如果在某处，钟不完全抵消，则很有可能会在那里找到粒子。因此我们发现，如果粒子在起初位于大小为 Δx 的钟群中，只要满足上述方程，则在 t 时间后，在与钟群相距 x 的较远位置找到粒子的机会不低。此外，这个距离随时间增加，因为它在式子中要除以 t。换句话说，随着时间流逝，在距离初始位置更远处找到粒子的机会增加。这看似就像是粒子正在移动。还要注意到，在很远处找到粒子的机会也会随 Δx 减小（即随初始位置不确定性的减小）而增加。换句话说，我们将粒子固定得愈准确，它从初始位置移开得就愈快。现在这看起来很像是海森伯的不确定性原理。

为了最终达成联系，我们来对方程变形。请注意，对于在 t 时间内离开钟群到达位置 X 的粒子，它必须跃过距离 x。如果你真的在 X 处测量到粒子，就会自然得出结论，粒子运动的速度是 x/t。还有，要记得质量乘以粒子的速度是其动量，所以 mx/t 就是测得的粒子动量。现在我们可以继续简化前式，得到：

$$\frac{p\Delta x}{h}<1$$

其中 p 是动量。这个方程可以变形成：

$$p\Delta x < h$$

而这个式子真的十分重要，值得进一步讨论，因为它看起来非常像海森伯的不确定性原理。

数学部分暂告一段落，如果你没有用心跟上，应该能从这里重新跟上讨论。

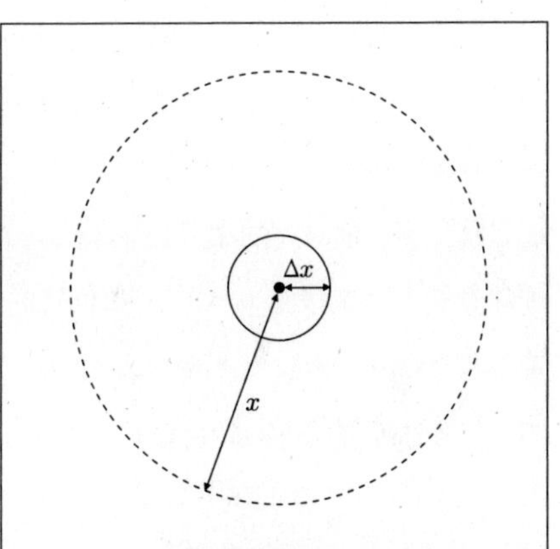

图 4.5：一小群随时间扩大的钟，对应一个初始时在局域而随时间前行离域的粒子。

如果一个粒子从一个局域在大小为 Δx 的斑点内出

发，则根据刚刚发现的结果，在一段时间后，粒子可以在大小为 x 的更大斑点内的任何位置被找到。图 4.5 描述的正是这种情形。精确地说，这意味着如果我们在刚开始时寻找粒子，则我们在内侧斑点内部找到的机会较大。如果没有测量，而是等一会儿，则稍后能在较大斑点内部某处找到它的机会较大。这就是说，粒子可以从初始的小斑点内的某处移动到较大斑点内的某处。它不一定非得移动不可，仍然有一定概率继续留在尺寸为 Δx 的较小区域中。但是测量很有可能显示，粒子已经移动到了较大斑点的边缘[i]。如果测量证实了这种极限情形，则我们会得出结论，粒子的动量由我们刚刚导出的式子给出（如果你没有跟上数学推导，只要相信这个结果就好），即 $p=h/\Delta x$。

现在，我们可以再次从头开始，将一切恢复如初，则粒子再次位于大小为 Δx 的较小初始斑点中。如果测量粒子，可能发现它位于较大的斑点内部某处，而不是在极限的边缘。我们会得出结论，粒子的动量比极限值小。

想象我们多次重复这个实验，对于开始时位于大小为 Δx 的小钟群内部的粒子测量其动量，则我们通常会测得动量 p 的值在零到极限值 $h/\Delta x$ 之间。也就是说“如果你重复多次做这项实验，那么我预测，你测得的动量会在零到 $h/\Delta x$ 之间”就意味着“粒子动量的不确定度是 $h/\Delta x$”。和位置的不确定度类似，物理学者用符号 Δp 表示这种不确定度，写作 $\Delta p\Delta x\sim h$。“~”符号表明，位置和速度的不确定度之积大致等于普朗克常数；有可能大

---

i　粒子甚至有机会，移动到比图中大斑点标处的“极限”更远的地方。但我们已经说明，这种情形下的钟趋于抵消。（原书注）

一点或者小一点。更细致的数学推导可以得到严格正确的式子。结果会依赖于初始钟群的细节，但没必要为此额外花时间，因为我们所做的已经足够抓住关键思想。

粒子位置的不确定性乘以其动量的不确定性，（近似）等于普朗克常数，这句陈述也许是海森伯不确定性原理的最为人所熟悉的形式。它告诉我们，如果我们知道粒子在某个初始时刻位于某个区域，而在稍后时刻对粒子位置进行测量，就会发现粒子此时的动量值不能比“介于零与 $h/\Delta x$ 之间的某个值”更准确地被预测。换句话说，如果我们一开始时，把粒子限制在愈来愈小的区域内，那么它就会有一种趋势，要愈来愈远地跃离这个区域。这一点非常重要，值得再三重申：愈是精确地知道粒子在某个瞬间的位置，就会愈不清楚它的运动快慢，因此也就愈不清楚稍后时刻它会在哪里。

这正是海森伯对不确定原理的陈述。它位于量子理论的核心；但应该要清楚，它本身并不是一条模糊的陈述。它是一条关于我们无法精确追踪粒子的陈述；量子魔法的这种威力并不比牛顿魔法的更大。在前面几页中我们所做的是，从量子物理学的基本规则中推导海森伯不确定性原理；这些规则体现在钟的旋转、收缩和相加里。的确，原理的起源就在于我们的提议认为粒子在测量其位置后，可以位于宇宙中的任何地方。我们最初提出的这条狂野的提议——认为粒子可以处于宇宙中的任何和所有的地方，已经被“量子干涉的狂欢”所驯服；而不确定性原理，在某种意义上，就是起初的无序状态的全部遗存。

在转到下个话题之前，关于如何诠释不确定性原理，笔者还有一些非常重要的事情要说。我们不能犯这种错误，认为粒子实际上位于某个特定的单一位置，而初始钟的传播，其实是反映了我们理解上的某种局限性。如果这样想，就无法正确地利用不确定性原理做计算；因为如果这样想，我们就不会承认，必须要在初始钟群的每一个可能的位置上取一块钟，依次把它们移到一个遥远的位置X，再把它们全部加起来。正是因为执行下面这种做法才给出了我们的结果，即我们必须假设，粒子通过许多可能路线的叠加，才到达了X。我们将在以后的一些实际例子中，用到海森伯的原理。而现在，我们只用到了一些简单的虚钟操作，就推导出了量子理论的关键结论之一，这着实不错。

我们来向式子中插入几个数，更好地感受一下。要等多久，沙粒才能有合理的概率跃出火柴盒？我们假设火柴盒边长为3厘米，而沙粒重1毫克。回忆一下，沙粒有合理的概率跃过给定距离的条件是：

$$\frac{mx\Delta x}{ht}<1$$

其中 Δx 是火柴盒的大小。我们来计算，如果想让沙粒跳过 x=4厘米，一个超过火柴盒大小的距离，t 应该是多少。

透过简单的代数运算可以得到：

$$t>\frac{mx\Delta x}{h}$$

代入数据可以得到，t 必须大于约 10^{21} 秒。这是约 6×10^{13} 年，是宇宙当前年龄的1000多倍。所以这种事情很可能不会发生。量子力学很奇怪，但还没奇怪到可以允许一粒沙子能独立跃出火柴盒的地步。

为了总结本章，以及为进入下一章作准备，我们做最后一次观察。我们对不确定性原理的推导，是基于图4.4中的一组钟的特定构型（configuration）。具体来说，我们安排了初始钟群，使钟指针的大小和指向都相同。这种特殊的安排，对应粒子起初时静止于空间中的特定区域；例如，沙粒静止于火柴盒中。尽管我们发现，粒子很可能不是静止的，我们也发现，对于大物体——沙粒在量子意义上已经是非常大的——这种运动完全检测不到。所以在我们的理论中确实会有某种运动，但是对于足够大的物体，这种运动无法感知。显然我们忽略了一些重要的东西，因为大物体实际上确实在四处移动，并且前面说过量子理论与所有东西都有关，无论大小。我们现在必须解决这个问题：如何解释运动？

第五章　作为幻象的运动

在上一章中，我们通过考虑钟群的一种特殊的初始排列，推导了海森伯不确定性原理——一小群钟，其中每一块的指针大小一样，指向相同。我们发现，这代表了一个近似静止的粒子，尽管量子规则意味着粒子会轻微振荡。我们现在要建立一组不同的初始构型，希望描述一个运动的粒子。在图 5.1 中，笔者画了钟的一组新构型。它还是一个钟群，对应起初位于钟附近的一个粒子。和以前一样，位置 1 的钟指向 12 点，但钟群里的其他钟现在都转过了不同的量。笔者这次画了五块钟，只是因为它让推理更明晰，尽管跟以前一样，得想象出五块钟之间的那些钟。在钟群所占据的空间内，这样的钟每个点上都有一块。跟以前一样，我们来应用量子规则，把这些钟移到离钟群很远的位置 X，以描述粒子能从钟群跃至 X 的多种方式。

下面这段推导过程，笔者希望变得愈发常规。我们来把钟从位置 1 传播到 X，并转动指针。它会转过的量是：

$$W_1 = \frac{mx^2}{2ht}$$

现在我们来把钟从位置 2 传播到 X。它稍微远一点，比如说更远的距离是 d，则转过的量也多一点：

$$W_2 = \frac{m(x+d)^2}{2ht}$$

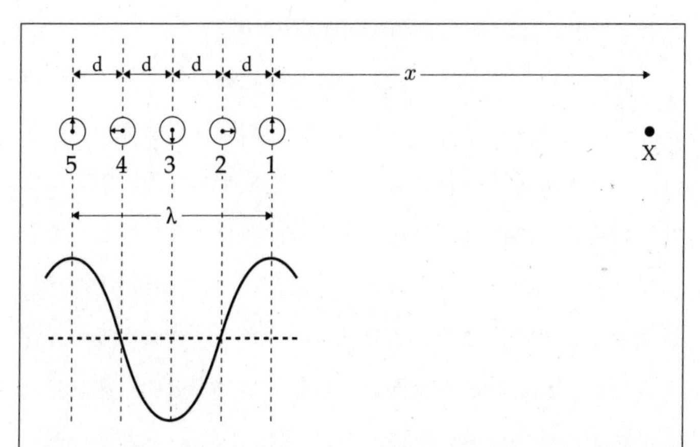

图 5.1：初始钟群（由标记为 1 到 5 号的钟表示）由不同示数的钟组成——它们和邻居相比指针都移动了 3 小时。图下半部分展示的是钟群里钟的时间随位置的变化。

这和我们在前一章做的一样，但也许你已经能发现对于钟的这种新初始构型会发生不一样的事情。我们设定，让钟 2 初始时比钟 1 顺时针多转动 3 小时——从 12 点转到 3 点。但是在把钟 2 带至 X 点的过程中，须将其逆时针转动得比钟 1 多一点，这对应它多运动的距离 d。如果我们巧妙安排，使得钟 2 的初始顺时针转动量，与其抵达 X 时多出来的逆时针转动量相等，则它抵达 X 时会与钟 1 的示数完全一样。这意味着，移动后的钟 2 不会与钟 1 抵消，而是与之相加得到更大的钟，这就意味着在 X 处找到粒子的概率很大。这和在开始时让所有钟示数相同的量子发生“量子干涉的狂欢”完全不同。我们来考虑钟 3，它和钟 1 相比转过了 6 小时。这块钟在抵达 X 时会额外移动 $2d$ 的距离。同样，因为初始时间的偏置，这块钟抵达时会指向 12 点。如果我们用相同的方式偏置所有的钟，那这种结果就会发生在钟群中的所有钟上，它们在 X 处会相长地相加起来。

这意味着，稍后粒子在 X 处被找到的概率很大。显然，位置 X 有其特殊性，因为钟群中的所有钟都合谋在那里指向相同的时间。但是 X 不是仅有的特殊点：所有在 X 左侧、距离与原钟群长度相同的位置，都具有让所有钟相长相加的性质。要看出这一点，注意我们可以把钟 2 移动到 X 左侧距离 d 的位置。这相当于将其从原位置向右移动 x 的距离；这和我们把钟 1 移至 X 的移动距离一样。下面可以把钟 3 移动 $x+d$ 的距离到相同的位置，这和之前钟 2 的移动距离一样。因此，这两块钟都到达 x 时的读数应该相同，会相长相加。我们可以对钟群中所有的钟都如此移动，直到到达 X 左侧和原始钟群的大小相同的距离，即 d。在这片特殊区域之外，钟大体抵消，因为它们不能继续免受于常规的“量子干涉的狂欢”[i]。诠释很明确：钟群在移动，如图 5.2 所示。

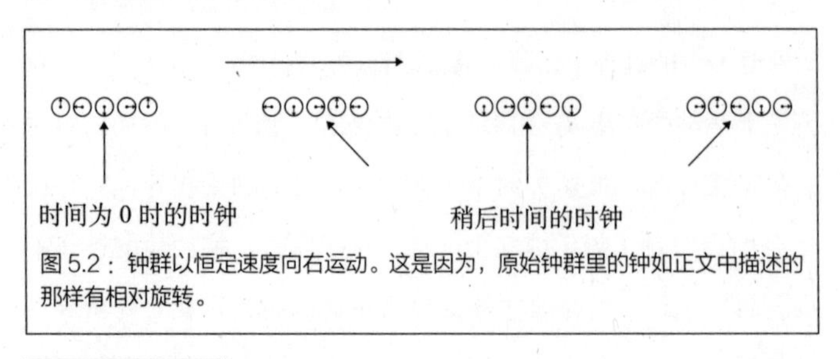

图 5.2：钟群以恒定速度向右运动。这是因为，原始钟群里的钟如正文中描述的那样有相对旋转。

i 你或许应该自己检验一遍。（原书注）

这个结果令人惊喜。通过偏置初始钟群里的钟，而不是让它们指向相同方向，我们就做到了对运动粒子的描述。奇妙的是，我们也可以将偏置过的钟和波的行为联系起来。

回忆一下，我们在第二章中引入了钟，是为了解释粒子在双缝实验中的类波行为。回顾一下第 38 页的图 3.3。那里我们画出了描述一列波的钟的排列方式。它就像是我们移动钟群的排列方式。在图 5.1 中，笔者在图下方用跟以前完全一样的方法画出了对应的波：12 点表示波峰，6 点表示波谷，3 点和 9 点表示波高为零的位置。

和我们可能期待的一样，运动粒子的表现似乎和波有关。波具有波长，这对应显示钟群里相同时间的钟的距离。笔者在图中也写下了这个量，记作 λ。

现在我们可以计算，要使相邻的钟相长相加，位置 X 应该距离钟群多远。这会将我们引至量子力学中的另一条非常重要的结论，并使量子粒子和波之间的联系更加明确。下面会用更多一点的数学。

首先，我们需要写下，由于到 X 更远，钟 2 比钟 1 多转过的圈数。利用 81 页中的结果，这个数是：

$$W_2 - W_1 = \frac{m(x+d)^2 - mx^2}{2ht} \simeq \frac{mxd}{ht}$$

这式子你或许也能自己得出来，只需乘出括号并扔掉 d^2 项，因为钟之间的距离 d 和原来钟群到位置 X 的距离 x 相比非常小。

让这些钟在移动后读数相同的判据也能直观写下；我们想让钟 2 由于传播带来的额外转动，被初始的顺时针转动精确抵消。例如，在图 5.1 里，钟 2 的额外转动是 1/4，因为我们将其顺时针转过了 1/4 圈。类似地，钟 3 的转动是 1/2，因为我们将其转过了 1/2 圈。用符号表示，可以把两块钟之间的转动圈数一般地

表示为 d/λ，其中 d 是钟的间距，而 λ 是波长。如果你还没有看出来，只需想想两块钟的间距等于波长的情形，则 $d=\lambda$，因此 $d/\lambda=1$，也就是一整圈，而两块钟的读数一样。

综合以上，我们可以说，要使两块相邻的钟在 X 处读数相同，需要让初始时钟的额外转动，等于由于传播距离不同带来的额外转动：

$$\frac{mxd}{ht}=\frac{d}{\lambda}$$

像以前一样，注意到 mx/t 是粒子的动量 p，就能简化这个式子。稍为整理就能得到：

$$P=\frac{h}{\lambda}$$

这个结果足够重要，值得命名。它由法国物理学家路易 · 德布罗意[i](Louis de Broglie）于 1923 年 9 月首次提出，所以命名为德布罗意关系（de Broglie equation）。说它重要，是因为它将波长与已知动量的粒子关联起来。换句话说，它表达了通常分别归于粒子和波的两种性质——动量和波长之间的密切联系。如此，量子力学的波粒二象性（wave-particle duality）就从我们对钟的处理中浮现出来。

德布罗意关系是观念上的一大飞跃。在原始论文中他写道：一切粒子，包括电子，都应具有"虚构的关联波"；通过单缝的电子流"应该有衍射现象"[ii]。在 1923 年，他的论文还只是理论推测，因为直到 1927 年，戴维孙和革末才用电子束观察到干涉图案。在大约同一时间，爱因斯坦使用不同的推理方式做出了类似德布罗意的提案。这两项理论结果是薛定谔发展其波动力学的催化剂。在薛定谔提出同名方程的前一篇论文中，他写道："这意味着除了严

---

i 路易 · 德布罗意，1892 年生于法国迪耶普，1987 年卒于巴黎，法国物理学家。

ii "衍射"一词用于描述特殊的干涉，它是波的特点。（原书注）

肃对待德布罗意－爱因斯坦关于运动粒子的波动理论，别无他法。”

通过观察减小波长，我们可以对德布罗意关系得到更多的认识。这相当于增加相邻钟之间的旋转量。也就是说，我们将减小读数相同的钟之间的距离。这意味着，必须增加距离 x，以补偿 λ 的减小。换句话说，位置 X 需要更远，才能“撤销”额外的旋转。那就对应移动更快的粒子：更小的波长对应更大的动量，而这正是德布罗意关系所说的。我们从一列静止的钟开始，“推导”出了普通的运动（因为钟群随时间平滑运动）。这真是一个可爱的结果。

波包

现在我们要回到本章早先跳过的一个重要问题。我们说过，初始钟群整体运动到 X 点附近，但只是大致保持其原始构型。作者这个相当不精确的说法，到底是什么意思？这个问题的答案会给出与海森伯不确定性原理的关联，以及进一步见解。

我们一直在用描述一块钟群的变化，来代表一个会在空间中一个小区域内某处被找到的粒子。在图 5.1 中，这就是五块钟所跨越的区域。像这样的钟群被称为波包（wave packet）。但我们已经看到，将粒子禁闭在空间中的某区域内会产生的后果。我们不能避免一个局域粒子得到海森伯之踢（也就是其动量不确定，因为它是局域的）；随着时间流逝，这会导致粒子“渗漏”出其起初所在的区域。这个效应在所有钟的示数都相同时存在，而在钟群移动的情形中也是。它使波包倾向于扩散，就像静止粒子随时间扩散一样。

如果等足够久，对应于移动钟群的波包会完全解体；我们将失去预测粒子位置的能力。这显然会影响到对粒子速度测量的尝试。我们来看看结果会怎样。

测量粒子速度的一个好方法是，在两个不同的时刻测量其位置。之后就能通过用粒子运动的距离，除以两次测量间隔的时间，得到速度。然而，根据我们刚才所说，这看似是一件危险的事。因为如果对粒子位置的测量过于精确，则有压缩其波包的可能，这就会改变它后续的运动。如果我们不想给粒子一个显著的海森伯之踢（即明显的动量改变，因为我们让 Δx 变得过小），就得确保位置测量足够模糊。当然，模糊本身是一个模糊的术语，所以我们来把它变得不那么模糊。如果使用能以 1 微米准度探测粒子的粒子探测器，而波包的宽度是 1 纳米，则探测器对粒子的影响不会太大。读数的实验者对探测器 1 微米的分辨率可能感到很满意，但从电子的视角来看，探测器不过是汇报给实验者，粒子在某个巨大的盒子里，大小是实际波包的 1000 倍。在这种情况下，测量过程引入的海森伯之踢，和波包本身有限的大小相比很小。这就是我们说“足够模糊”的意思。

我们在图 5.3 中绘出了上述情形，并标出了波包的初始宽度 d 以及探测器的分辨率 Δ。我们还画出了稍后时刻的波包；它要稍微

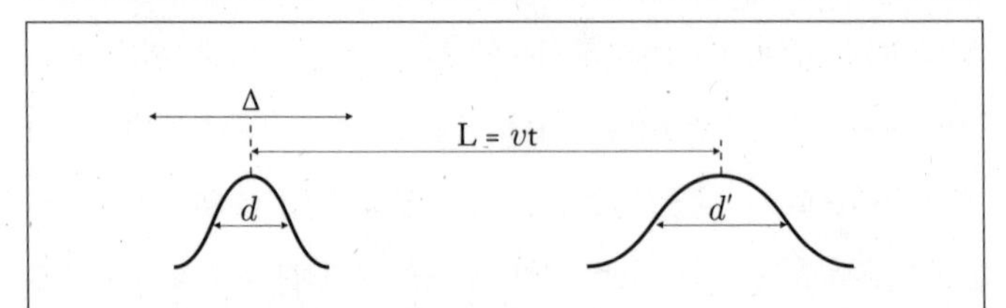

图 5.3：两个不同时刻的同一个波包。随着时间前行，波包向右运动并展宽。波包是运动的，因为组成波包的钟彼此之间有相对旋转（德布罗意关系）；由于不确定性原理，它也是扩散的。波包的形状不很重要，但是为完整起见，我们应该说，波包大的地方钟也更大，而波包小的地方钟也小。

宽一点，宽度是 d'，比 d 大。波包的峰在一定时间间隔 t 内以速度 v 运动了一段距离 L。笔者提前道个歉，如果这些龙飞凤舞的特定套路，勾起了你记忆深处的校园岁月：坐在污渍斑驳的木桌后面，随着科学老师的声音渐渐消失在暮冬午后的暗淡天光中，你也陷入了不合时宜的午睡。我们搞得满身粉笔灰，是有原因的。希望本节的结论，比起年轻时飞来的板擦，能更有效地使你激灵起来。

我们振作精神，重回假想的科学实验室，尝试通过在两个不同时刻测量波包的位置，来测量其速度 v。这会给出波包在时间 t 内运动的距离 L。但我们的探测器的分辨率为 Δ，因此我们无法完全确定 L。用符号表示，可以说测得的速度为：

$$v=\frac{L\pm\Delta}{t}$$

其中组合的加减符号只是提醒我们，如果实际进行这两个位置的测量，一般不会总得到 L，而是“L 加一点”或者“L 减一点”，其中出现“一点”的误差范围是因为我们同意不对粒子位置做非常准确的测量。记住这一点很重要，就是 L 不是我们可以实际测量的东西：我们总是在 $L\pm\Delta$ 的范围内测得一个值。要记住，Δ 需要远大于波包的大小，否则我们就会挤压粒子并扰乱它。

我们来把上一个式子稍微改写一下，这样就能更好地看清是怎么一回事：

$$v=\frac{L}{t}\pm\frac{\Delta}{t}$$

看起来，如果 t 非常大，我们就会得到扩散非常小的速度测量值 $v=L/t$。这是因为我们可以选择等待很长的时间，使得 t 任意大，从而在保持 Δ 足够大的同时，让 Δ/t 任意小。我们看似有了好方法，能以任意精度测量粒子的位置，而根本不干扰它；只要在第一次和第二次测量之间等待极长的时间即可。这很直观。想象你在测量一辆公路汽车的速度。如果测量的是它在一分钟内行驶的距离，测得的速度往往比测量其在一秒内行驶的距离要精确得多。我们是不是避开了海森伯的脚？

当然没有——我们忘了考虑某些东西。粒子由波包组成，波包随时间扩散。在足够长的时间之后，扩散效应将完全冲尽波包，这意味着粒子可以在任何地方。这将扩大 L 的测量值范围，破坏我们对其速度进行任意精度测量的能力。

对于由波包描述的粒子，我们最终仍然受不确定性原理的约束。因为粒子起初被禁闭在一个大小为 d 的区域内，海森伯告诉我们，粒子的动量也变得模糊，范围是 h/d。

因此，我们只有一种方法可以表示具有确定动量的运动粒子，建立一种波包大小 d 非常大的钟的构型。它愈大，粒子动量的不确定性愈小。信息很清楚：一个动量非常确定的粒子由一个大钟群描述[i]。精确地说，一个动量完全确定的粒子得由一列无穷长的钟群来描述，也就是一个无限长的波包。

我们刚刚论证过，一个有限大小的波包并不对应一个动量确定的粒子。这意味着，如果测量很多粒子的动量，即使它们都由完全相同的初始波包描述，我们也不会每次都得到相同的结果。相反，我们会得到一些散布的结果。并且不管我们在实验物理学上有多高明，散布的范围不可能小于 h/d。

因此我们可以说，波包描述了一个运动粒子，其动量在一定

i 当然，你可能会担心，如果 d 很大，要如何测量波包的动量。通过让 L 比 d 大得多，可以避免这种担心。（原书注）

范围内。但德布罗意关系意味着，我们可以用“波长”一词来代替最后一句中的“动量”，因为粒子的动量和一列确定波长的波有关。这又意味着，一个波包必须由许多不同波长的波组成。同样，如果一个粒子由一列波长确定的波描述，则这列波一定是无限长的。听起来，我们是在被推向这样一个结论，一个小波包是由很多波长不同且无限长的波组成。我们确实被推到了这条路上，而我们所描述的东西，对于数学和物理学者以及工程师等都非常熟悉。这是一个被称为傅里叶分析的数学领域，以法国数学家约瑟夫·傅里叶[i]（Joseph Fourier）的名字命名。

傅里叶是个多彩的人。他有许多显著的功绩，包括担任拿破仑[ii]（Napoléon Bonaparte）的下埃及总督，以及温室效应（greenhouse effect）的首个发现者。显然他喜欢把自己裹在毯子里，这甚至导致了他的死亡，1830年的一天，他把自己紧紧裹住，从自己家的楼梯上摔了下来。他关于傅里叶分析的重要论文涉及了固体中的热传导问题，发表于1807年，尽管其基本思想可追溯到更早的时候。

傅里叶证明，任何波，无论它的形状和范围有多复杂，都可以由不同波长的一些正弦波相加合成。这一点用图片能最好地说明。图5.4中的短虚线是由下方图中的前两列正弦波相加而成的。你几乎可以在大脑中把它们加起来：两列波在中心处同时达到极大，所以在那里相加变大；而在末端它们倾向于抵消。长虚线是

---

i 约瑟夫·傅里叶，1768年生于法国欧塞尔，1830年卒于巴黎，法国数学家和物理学家。

ii 拿破仑·波拿巴，1769年生于法属科西嘉岛的阿雅克肖，1821年卒于英属圣赫勒拿岛的长木，法国军事家、政治家。

我们将下方途中的四列波相加的结果——现在中心的峰值变得更加明显。最后，实线是我们把前十列波加起来的情形，也就是画出来的四列波，加上六列波长逐渐减小的波。加入的波愈多，最终的波的细节就愈多。上方图中的波包可以描述一个局域粒子，很像是图 5.3 中的波包。这样一来，我们真的可以合成任何形状的波——这都是通过将简单的正弦波相加来实现的。

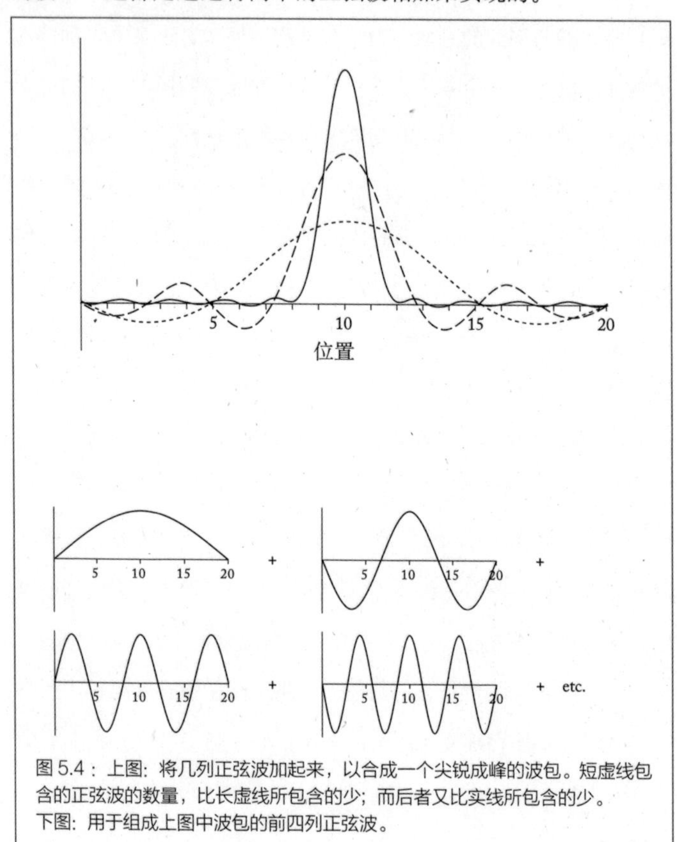

图 5.4：上图：将几列正弦波加起来，以合成一个尖锐成峰的波包。短虚线包含的正弦波的数量，比长虚线所包含的少；而后者又比实线所包含的少。
下图：用于组成上图中波包的前四列正弦波。

德布罗意关系告诉我们，图 5.4 下方的每一列波都对应一个确定动量的粒子，而动量随波长减小而增加。我们开始明白，如果一个粒子由一个局域的钟群所描述，它为何必由动量在一个范围内的波组成。

更直白地说，我们来假设，粒子由图 5.4 上方的实线所描述[i]。刚才已经知道，该粒子也能由一系列更长的钟群来描述：下方图中的第一列波，加上下方图中的第二列波，以此类推。这种思考方式下，在每个位置上都有多块钟（每一列波对应的长钟群都在这个位置有一块）；我们得把它们加在一起，得到图 5.4 上方的单块钟群。选择要如何理解粒子，真的是“取决于你”。可以认为它是由每个位置上的一块时钟描述的，时钟的大小立刻让你知道粒子可能被发现的地方，即图 5.4 上方的峰附近。抑或，可以认为粒子是由每个点上的一系列钟所描述，粒子每个可能的动量值都有一块。通过这种方式，我们提醒自己，局域在一个小区域内的粒子并不具有确定的动量。不可能从单一波长的波构造出紧致的波包，这是傅里叶数学的一个明显特征。

这种思考方式给了我们一个新视角，去看待海森伯的不确定性原理。在这个视角中，我们不能用单一波长的波所对应的一个局域钟群去描述一个粒子。相反，为使钟群区域以外的钟抵消，必须混合不同波长的波，因此也会混合不同的动量。所以，为了让粒子局限在空间中某处，我们必须承认不知道它的动量。而且，对粒子位置的限制愈多，需要加入的波也就愈多，我们对其动量的了解就愈少。这正是不确定性原理的内容；能用不同的方

---

i 回忆一下，我们画出的波的图像，其实是一种方便的方法，描绘出钟指针在 12 点方向上的投影。（原书注）

法得出相同的结论，这让人很满意[i]。

为了结束这一章，笔者想再花一点时间谈谈傅里叶。有一种非常强大的方式来描绘量子理论，它与我们刚才讨论的观念密切相关。重点是，任何量子粒子，无论它处于什么状态，都可以由一个波函数描述。如我们到目前为止所展示的那样，波函数就是一块小钟阵列，空间中每个位置都有一块，而钟的大小决定了粒子在那个位置被找到的概率。这种表示粒子的方法被称为“位置空间波函数”（position space wavefunction），因为它直接处理粒子可能处于的位置。然而，数学上有很多方法表示波函数，而空间中的小钟只是其中的一个版本。当我们表达可以认为粒子也是由正弦波之和描述的时候，已经触及了这一点。如果你考虑一下这一点，就应该意识到，指明完整的正弦波列表，实际上提供了对粒子的完整描述（因为通过把这些波相加，可以得到与位置空间波函数相关联的小钟）。换句话说，如果我们确切地指明需要哪些正弦波才能构造波包，以及每列正弦波究竟需要加入多少[ii]才能得到合适的形状，则对于波包，我们将得到一个不同但完全等价的描述。巧妙的是，任何正弦波本身都能由一个假想的时钟来描述：钟的大小编码了波的最大高度，而波在某位置的相位则表示为那里的钟所指的时刻。这就是说，我们可以选择不用空间中的钟表示粒子，而用另一块钟的阵列来替代，粒子的每个可能的动量值都对应一块。这种描述和“空间中的钟”的描述一样紧凑有效。我们没有明确指出粒子可能在哪里被找到，而是明确指出

---

i　然而，这种得到不确定性原理的方法的确依赖于德布罗意关系，以将钟波的波长与其动量联系起来。（原书注）

ii　指每列正弦波的振幅，或钟的大小。

粒子有可能具有哪些动量值。这种替代的钟的阵列被称为动量空间波函数（momentum space wavefunction），它包含的信息和位置空间波函数完全一样[i]。

这听起来可能非常抽象，但你很可能每天都在用基于傅里叶观念的技术，因为将波分解成其正弦波分量，正是音频和视频压缩技术的基础。想想组成你最喜欢的曲子的声波。如我们刚刚所了解的，这列复杂的波可以被分解成一系列数字；而这些数字，为声音贡献出大量单纯正弦波中的所有波。尽管可能需要大量的单个正弦波，才能精准地重现原始声波，但事实上，可以扔掉大量的正弦波，也不会影响你所感知到的音质。具体来说，无需保留声波中人类无法听到的正弦波成分。这极大地减小了存储音频文件所需的数据量，因此你的 MP3 播放器不需要太大。

你可能还会问，这个不同的、更抽象的波函数有什么用呢？嗯，考虑一个在位置空间中由单块钟表示的粒子，是在描述宇宙中处于确定位置的粒子，即钟所处的位置。现在再考虑一个由单块钟表示的粒子，但这次是在动量空间中。这表示一个具有单一、确定动量的粒子。大不相同的是，如果用位置空间波函数来描述这样的例子，就需要无穷多个相同大小的钟，因为根据不确定性原理，具有确定动量的粒子可以在任何地方被找到。因此，有时候直接用动量空间波函数进行计算会更简单。

在本章中，我们学习了用钟来描述粒子能够描绘我们通常所说的“运动”。我们了解到，从量子理论的角度来看，我们对

---

i 在术语中，描述具有确定动量的粒子的波函数，被称为动量本征态momentum eigenstate，由德文词*eigen*构成，意为本征或特征。（原书注）

物体从一点到另一点的平滑运动的感知，是一种幻象。事实的真相更接近于，假设粒子从 A 运动到 B 是通过了所有可能的路径。只有当我们把所有可能性加起来，我们所感知到的运动才会显现出来。我们也才能明确地看到，钟的描述是如何包含了波动物理学，尽管我们只处理了类点粒子（point—like particles）。现在是时候真正地利用类点粒子与波动物理学的关系了，因为我们要解决一个重要的问题：量子理论如何解释原子结构？

第六章　原子之音律

原子内部是一个奇妙的地方。如果站在质子上并眺望原子之间的空间，你看到的将只是一片虚无。电子仍是极小，就算它们十分偶然地近至触手可及，你也感觉不到。质子的直径约为 10^{-15} 米，或者说 0.000000000000001 米。但它作为一个量子，跟电子比起来则是庞然大物。如果你站上的质子在英格兰的多佛尔白崖（White Cliffs of Dover），那原子模糊的边界就在法国北部的某处农场中[i]。原子广袤空旷，而你的身体也是如此。最简单的原子是氢原子，包含一个质子和一个电子。电子小得微乎其微，看上去就像漫游在没有边界的场地，但事实并非如此。由于彼此的电磁吸力，电子与其质子彼此束缚陷入罗网；而正是关押它们的豪华囚室的尺寸和形状，决定了光特有的条码彩虹，被我们的老朋友和晚宴常客凯瑟尔教授记录在《光谱学手册》中。

现在终于可以把我们到目前为止所积累的知识，应用到曾在 20 世纪初深深困扰卢瑟福、玻尔等人几十年的问题上：原子内

---

i　大致相当于质子在烟台芝罘岛，而原子边界在隔海相望的大连某地。

部到底是怎么回事？或许你还记得，这个问题是这样的：卢瑟福发现，原子在某些方面就像一个微缩的太阳系，致密原子核像太阳一样位于中心，电子像行星扫过遥远的轨道。卢瑟福知道，这个模型不可能是正确的，因为在绕核轨道上的电子应该不断地发出光。结果对于原子应该是灾难性的，因为如果电子不断地发出光，则它必会损失能量，并沿螺线向内运动，最后不可避免地撞上原子核。这种情况当然没有发生。原子是趋向于稳定的。那么这模型的问题在哪里呢？

这一章是本书的一个重要发展阶段；在本章中，我们的理论将首次被用于解释现实世界中的现象。到目前为止，我们所有的艰苦工作都集中在弄清楚核心理论形式，这样我们才能思考量子粒子。海森伯的不确定性原理和德布罗意关系，标志着我们成就的巅峰；但总的来说我们是谦逊的，考虑的是只包含一个粒子的宇宙。现在是时候展示，量子理论是如何影响我们生活的日常世界了。原子结构是真实而具体的。你由原子组成：它们的结构就是你的结构，它们的稳定性就是你的稳定性。所以说，理解原子的结构就是理解我们宇宙整体的必要条件之一，这一点也不过分。

在氢原子内部，电子陷在质子周围的一个区域内。我们先想象一下，电子陷在某种盒子里，这与事实也相差无几。具体来说，我们将研究电子陷在小盒子中的物理现象能在多大程度上抓住真实原子的突出特征。我们会通过利用前一章所学的量子粒子的类波特征来进行研究，因为对于原子，波动图像确实可以简化描述；我们可以不用再担心钟的收缩、旋转和相加，就能够取得不错的进展。不过，请永远记住，波只是用来描述“引擎盖下”

内情的一种便捷记法。

由于为量子粒子发展的理论框架，与用于描述水波、声波或吉他弦上的波的框架极其类似，我们会先来思考一下，当这些熟悉的物质波以某种方式被约束时的行为。

一般来说，波是很复杂的。想象跳入一个灌满水的游泳池。纷乱的水波漾开，似乎任何想用简单方式来描述这种状况的尝试都是徒劳。然而，隐藏在复杂性的背后是简单性。关键之处在于，水是封闭在泳池中的，这也意味着所有的波都陷在泳池中。这产生了一种称为“驻波”（standing wave）的现象。当我们跳入泳池扰乱水面时，驻波隐藏在纷乱的水波中；但有一种办法可以让水波以规律、重复的驻波模式振动。图 6.1 展示了水面经历这

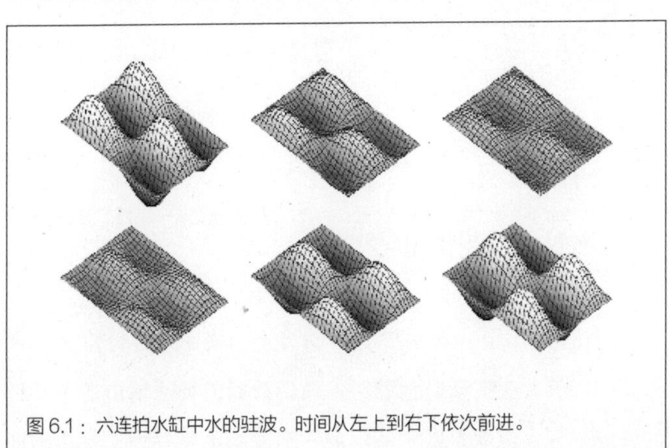

图 6.1：六连拍水缸中水的驻波。时间从左上到右下依次前进。

样的一周振荡是什么样子。波峰和波谷此起彼伏，但最重要的是它们在完全相同的位置上升和下降。也有其他的驻波，包括水缸中央的水有节奏地上升和下降。我们通常不会看到这些特殊的波动，因为它们很难产生；但关键之处在于，任何水面的扰动——就算是由我们粗劣的跳水以及随后四处戏水所造成的——都可以

表现为不同驻波的某种组合[i]。我们以前见过这种行为;这直接归纳了上一章中遇到的傅里叶观点。在那里，我们看到任何波包都可以由一些波长确定的波所组成。这些代表具有确定动量的粒子态的特殊的波是正弦波。在受限水波中，这种观念可以广泛应用：任意的扰动都总能由某种驻波的组合来描述。在本章后面会看到，驻波在量子理论中具有重要的诠释；事实上，驻波是理解原子结构的关键。记住这一点，我们来更详细地探讨它们。

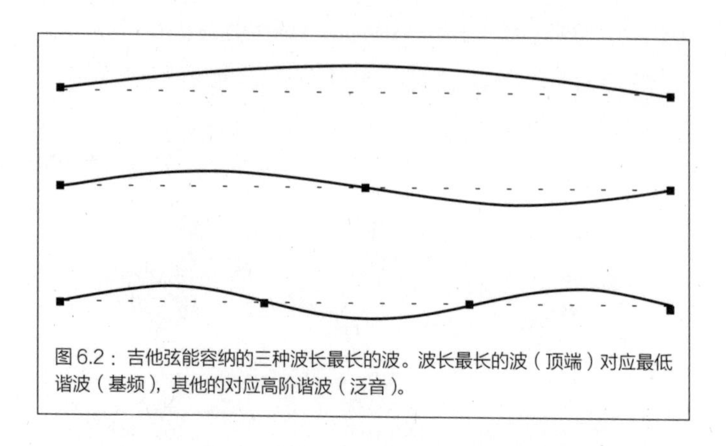

图 6.2：吉他弦能容纳的三种波长最长的波。波长最长的波（顶端）对应最低谐波（基频），其他的对应高阶谐波（泛音）。

图 6.2 展示了大自然中驻波的另一个例子：吉他弦上三种可能的驻波。在拨动吉他弦时，我们听到的音通常由最大波长的驻波主导，也就是图中所示的三列波中的第一列。这在物理学和音乐学中都称为“最低谐波”(lowest harmonic) 或者“基频”(fundamental)。其他波长的波也很常见，它们称为泛音 (overtone) 或者高阶谐波 (higher harmonic)。图中的其他波是两

i 这里只考虑任意纷乱但振幅不大的情形，忽略掉飞溅、泡沫等现象。

列波长最长的泛音。吉他这个例子不错，因为要看出吉他弦为什么只能以这三种特殊波长振动，这很简单。这是由于弦的两端都被固定住了：一端固定在吉他琴桥上，另一端被手指按在琴格上。这意味着琴弦在两个端点处不能运动，而这就决定了允许的波长。如果你弹奏吉他，就会直观地了解其中的物理：当手指在指板上向靠近琴桥的琴格移动时，琴弦长度减小，迫使其以越来越短的波长振动，对应更高的音。

最低谐波只有两个稳定点，又称波节；除了两个固定的端点，波的任何位置都在运动。从图中可以看到，这个音的波长是弦长的两倍。次长的波长等于弦的长度，因为在弦的中央可以加上一个波节。接下来，我们可以得到波长等于 2/3 弦长的波，以此类推。

一般情况下，就像束缚在泳池中的水一样，弦会以不同的驻波组合振动，取决于如何拨弦。弦的实际形状总是可以由对应存在的每列谐波的驻波相加而来。谐波及其相对的振幅大小，使得声音具有其音色。不同的吉他有不同的谐波分布，因此音色也不同；但一把吉他上的中央 C（纯谐波）和另一把上的中央 C 的音高总是相同的。对于吉他，驻波的形状非常简单：它们是纯粹的正弦波，波长由琴弦的长度决定。对于泳池，如图 6.1 所示，驻波更为复杂，但观念是完全一样的。

你可能会困惑，为何这些特殊的波被称为“驻波”。这是因为，这些波的形状从不改变。如果我们拍下以驻波振动的吉他弦的两张照片，则它们的区别将只在于波的整体大小。波峰总是在同一处，而波节也是，因为它们由琴弦端点的位置决定；在泳池的例子中，它们由池壁决定。在数学上，我们可以说，两张照片中的波只相差一个整体的乘积因子。这个因子随时间而周期性变化，表达出了琴弦的有节奏振动。对于图6.1中的泳池也是如此，每张照片由一个乘积因子同其他照片之间联系起来。例如，最后一张照片，可以通过将第一张照片中的波高乘以 -1 得到。

小结一下，以某种方式束缚的波，总能被表达成驻波（不改变形状的波）的组合。我们之所以投入这么多时间去了解它们，有很充分的理由。最重要的理由是，驻波是量子化的。对于吉他弦上的驻波，一切清晰明了：基频的波长是弦长的两倍，而允许的次长波长等于弦长。不存在波长位于这两者之间的驻波，因此我们可以说，吉他弦上允许的波长是量子化的。

由此可知，如果陷住波就会有什么东西被量子化。在吉他弦的例子中，量子化的显然是波长。对于盒中电子的情形，与电子对应的量子波也是被陷住的。类比可知，一些东西会被量子化，所以应该期望只有特定的驻波会出现在盒子里。其他类型的波不可能存在，就像无论怎么拨动，一根吉他弦都不可能同时弹出一个八度（octave）的所有音。而就和吉他的乐音一样，一般的电子态也由驻波态的混合来描述。这些量子驻波开始变得有意思了；受此鼓舞，我们来恰当地分析一番。

要取得进展，我们必须明确用来放置电子的盒子的形状。简便起见，我们假设电子可以在一个大小为 L 的区域内自由跳跃，但完全禁止它游荡出这个区域。我们本不需要说明准备如何禁止它游荡出去——但如果这是一个简化的原子模型，则我们应该想象，由带正电荷的原子核施加的力负责束缚住电子。在术语中，这叫作“方阱势”(square well potential)。图6.3画出了这种情况；命名的原因应该是显而易见的。

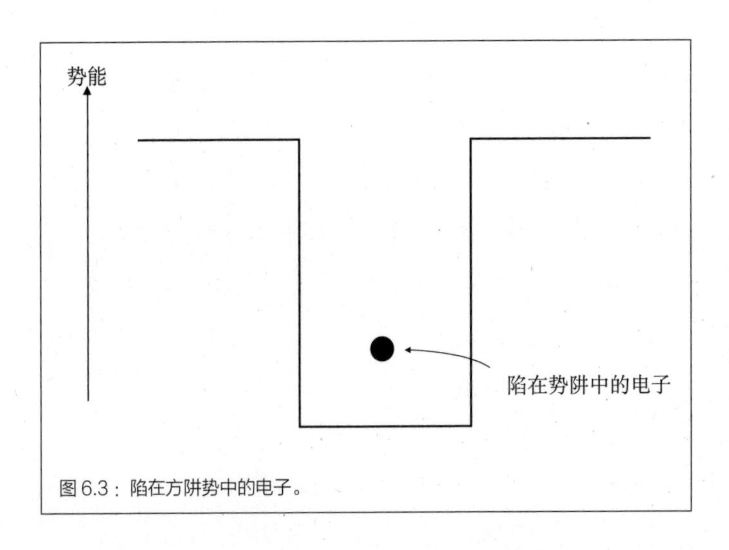

图 6.3：陷在方阱势中的电子。

将粒子束缚在势中的观念非常重要，后文还要使用；因此我们要准确理解它的含义，这会非常有用。我们究竟是如何陷住粒子的？这个问题相当复杂；要彻底弄清楚它，需要了解粒子是如何与其他粒子相互作用的，这是第十章的内容。尽管如此，只要不问过多的问题，我们还是可以取得进展。

在物理学中，“不要问太多问题”是一项必要的技能，因为不存在完全孤立的物体体系，我们必须在某处画下界线，才有可能回答一些问题。如果我们想了解一台微波炉如何工作，就应该无需担心外面经过的车流，这看似毫无问题。但车流对微波炉的运转还是会有微小影响的，它带来空气和地面振动，使微波炉轻微摇晃。还可能有杂散的磁场，无论屏蔽得多好，都会影响微波炉内部的电子元件。忽略一些事情时有可能因为错过一些关键细节而犯错的。在这种情况下，我们就会得到错误的答案，不得不重新考虑假设。因此所有的假设都要通过实验来验证或否定，这非常重要，也是科学成功的核心。大自然才是仲裁者，而非人类的直觉。这里，我们的策略是忽略陷住电子的机制细节，并建立名为势的模型来研究它。“势”这个词，实际上只是说“由于某些物理或其他原因对粒子产生的效应，但我懒得仔细解释”。后面会对粒子的相互作用详加描述，但现在我们将用势的语言来讨论。如果这听起来有点漫不经心，让我们举例说明势在物理学中是如何应用的。

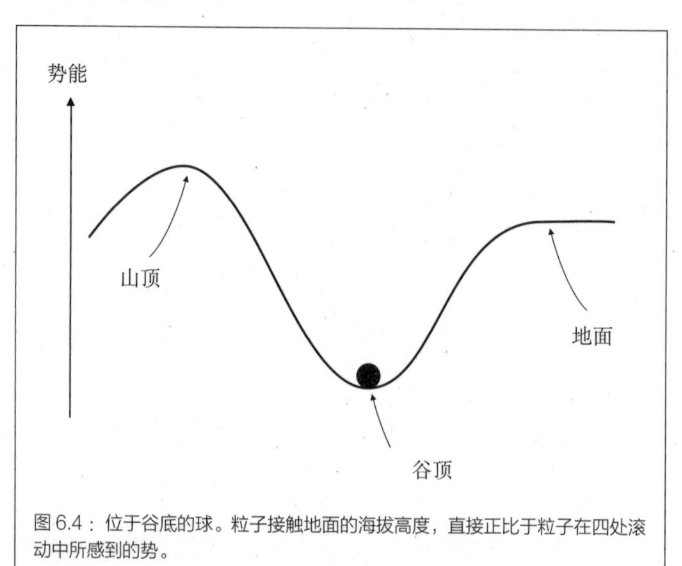

图 6.4：位于谷底的球。粒子接触地面的海拔高度，直接正比于粒子在四处滚动中所感到的势。

图 6.4 展示了一个陷在谷中的球。如果踢小球一脚，它就能滚上山坡，但仅此而已，它之后就会重新滚下来。这是一个很好的例子，说明粒子被势陷住了。在本例中，地球的重力场产生了势，而陡峭的山坡形成了陡峭的势。显然我们可以算出球如何在山谷中来回滚动的细节，而不必知道谷底如何与球相互作用的详情；为此我们得了解量子电动力学的理论。如果事实证明，球中原

子和谷底原子相互作用的细节对球运动的影响太大，我们就会作出错误的预测。实际上，原子间的相互作用的确重要，因为这会产生摩擦力；但也可以不用费曼图对摩擦力建立模型。我们跑题了。

这个例子非常形象，因为我们可以具体地看到势的形状[i]。但这种观念是普遍的，也适用于重力和山谷以外其他来源产生的势。一个例子就是陷在方阱中的电子。与谷中球的情形不同，阱的壁高并不是任何东西的实际高度；相反，它表示点要从阱中逃逸需要达到的速度。对于山谷的情形，这就类似于让球滚得足够快，使其能爬上山壁并离开山谷。如果电子移动得足够缓慢，则势的实际高度就无关紧要，我们可以放心地假设，电子就束缚在阱的内部。

我们现在来把注意力集中在一个电子身上，它陷在由方阱势描述的一个盒子里。由于它无法逃出盒子，量子波必须在盒子的边缘衰减为 0[ii]。那么，波长最长的三种可能的量子波，就完全类似于图 6.2 所示的吉他弦波：最长的波长是盒子大小的 2 倍，即 $2L$；次长的波长等于盒子的大小，即 L；下一个波长是 $2L/3$。一般来说，我们可以将波长为 $2L/n$ 的电子波放在盒子里，其中 n=1,2,3,4，等等。

因此，具体对于方盒来说，电子波和吉他弦上的波的形状完全一样；它们是一组具有特定允许波长的正弦波。现在我们可以引用上一章中的德布罗意关系，继续将这些正弦波的波长与电子动量通过 $p=h/\lambda$ 联系起来。在此情形中，驻波描述的电子只允许

---

i　重力势，能准确映射到地形上，这个事实的内在原理是，在地球表面附近，重力势与离地面的高度成正比。（原书注）

ii　其实根据这个原因，只能推得量子波在盒子以外为 0。让我们暂且接受这个结论。

具有特定的动量，由公式 $p=nh/(2L)$ 给出，我们所做的只是将允许的波长代入到德布罗意关系中。

这样，我们就证明了方阱中电子的动量是量子化的。这是个重磅结论。然而，我们确实得小心一点。图 6.3 中的势是一种特殊情形；对于其他的势，驻波通常不是正弦波。图 6.5 展示了一面鼓上的驻波。鼓皮上撒了沙子，后者聚集在驻波的波节处。因为包围振动鼓皮的边界是圆形而非方形，驻波不再是正弦波[i]。这意味着，一旦我们转而研究电子被质子陷住的更现

图 6.5：一面振动的鼓。鼓面上覆盖的沙子聚集在驻波的波节处。

实情形，它的驻波将同样不是正弦波。反过来，这意味着波长和动量的联系也不在了。那么，该如何诠释这些驻波呢？对于陷住的粒子，如果不是动量，那一般来说，又是什么被量子化了呢？

---

i 事实上，它们是由贝塞尔函数来描述的。（原书注）弗里德里希·威廉·贝塞尔（Friedrich Wilhelm Bessel）1784 年生于德国明登，1846 年卒于今俄罗斯加里宁格勒，德国天文学家和数学家。（译注）

请注意在方阱势中，如果电子的动量是量子化的，那么能量也是。这项简单的观察结果看似不包含任何重要的新信息，但可以帮助我们得到答案。因为它将能量和动量相互联系。具体来说，能量 $E=p^2/2m$，其中 p 是被陷住电子的动量，m 是其质量[i]。这项观察结果并不像表面上那么无意义，因为对于比方阱势更复杂的势，每列驻波总是对应具有确定能量的粒子态。

能量和动量之间的重要区别在于，在粒子可以存在的区域内，只有当势是平坦的时候，$E=p^2/2m$ 才成立。同时得允许粒子能自由运动，就像桌面上的弹珠，或是方阱中的电子。更通俗地说，粒子的能量不会是 $E=p^2/2m$；相反，它会是粒子因运动所具有的能量和势能之和。这就破坏了粒子能量和动量之间的简单联系。

我们可以通过再次思考谷中的球来说明这一点。如果我们在开始时让球快乐地停在谷底，就什么都不会发生[ii]。要想让它滚上山谷一侧，必须踢它一脚，这相当于说我们需要增加它的能量。在踢球后的瞬间，它所有的能量都会以动能的形式出现。在球滚上山谷一侧时，它会慢下来；直到在离谷底一定高度时，球就会停住；然后再滚下并滚上另一侧。在它停止在山谷一侧的一定高度时，它没有了动能，但能量并没有神奇地消失。相反，所有的动能都变成了势能，等于 mgh，其中 g 是地球表面由重力产生的加速度，h 是球相对谷底的高度。当球开始向下滚入山谷时，存储的势能随着球的加速而逐渐转化成动能。因此，在球从山谷

---

i 这是由能量等于 $1/2mv^2$ 以及 $p=mv$ 得到的。这些关系的确会在狭义相对论中被修改，但相对论效应对于氢原子内的电子而言很小。（原书注）

ii 这是一个大球，无需担心量子晃动。但是，如果你的脑海中闪过这个想法，则是一个好的迹象：你的直觉正在变得量子化。（原书注）

一侧滚向另一侧时，总能量保持不变，但会在动能和势能之间周期性地转换。显然，球的动量不断变化，但其能量却是常数（我们假定没有摩擦力使球慢下来。如果真的有，则总能量仍然是常数，但是得包含由摩擦力耗散掉的能量才行）。

现在，我们要用另一种方式来探讨驻波和具有确定能量的粒子之间的关系，而不再利用方阱的特殊性质。我们要用小量子钟来讨论。

首先我们要注意到，如果一个电子在某一时刻由驻波描述，则在以后的某个时刻，它将被相同的驻波描述。“相同”是说波

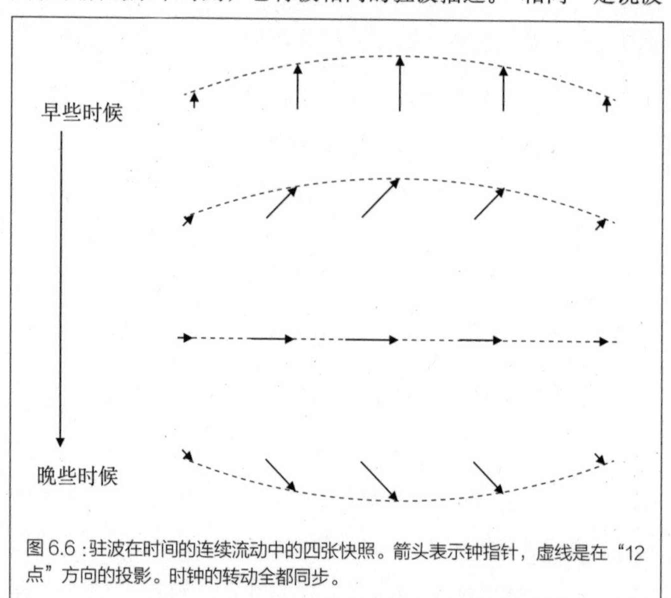

图 6.6：驻波在时间的连续流动中的四张快照。箭头表示钟指针，虚线是在“12 点”方向的投影。时钟的转动全都同步。

的形状不变，就像图 6.1 中水的驻波一样。当然，我们并不是说波完全没变；水的高度确实会有变化，但关键是波峰和波节的位置不变。这使我们可以得出，驻波的量子钟描述必须是什么样子。图 6.6 是基频驻波的情形，沿波分布的钟的大小，反映了波

峰和波节的位置，而钟指针以相同的速率扫过钟面。希望你能明白，我们为何要画出这种特殊的钟的图案。波节必须始终是波节，波峰必须始终是波峰，而且它们必须始终停留在相同位置。这意味着波节附近的钟总是很小，且总是由最长指针的钟代表波峰。因此，我们唯一的自由，就是让钟待在被放置的地方，并同步旋转。

如果按照前几章中的方法来推导，我们现在就要从图 6.6 中顶部一行钟的构型开始，并用收缩和旋转规则生成下面三行稍后时间的构型。这个关于钟跳跃的练习本身跳离本书太远，但它可以完成。而且这个练习，有其微妙的曲折之处：要正确地计算，必须考虑粒子在跃至目的地之前“在盒壁上弹回”的可能性。顺便说一下，由于中央处的钟更大，我们可以立刻得出结论：这块钟的阵列所描述的电子更可能在盒子的中央找到，而非边缘处。

因此，我们发现被陷住的电子由钟的阵列所描述，它们以相同的速率绕圈。物理学者通常不这么说，音乐人当然也不会；他们都说，驻波是频率确定的波[i]。高频波对应的钟绕得比低频波的钟快。这点能直接看出来，因为如果钟绕得快，它从波峰到波谷再升回来（以钟指针转动一周表示）所需的时间就会减少。就水波而言，高频驻波的上下运动比低频的要快。在音乐中，中央 C 的频率据说是 262 Hz，也就是说，在吉他上，琴弦每秒钟上下运动 262 次。A 的频率是 440 Hz，高于中央的 C，所以它振动得更快（这是全世界大多数管弦乐队和乐器的调音标准）。然而，

---

i　其实，音乐人只是可能不会这么说，而鼓手是一定不会，因为英语的“频率”（frequency）是一个超过两个音节的词。（原书注）

我们已经注意到，只有对于纯粹的正弦波，这些确定频率的波才有确定的波长。一般来说，频率才是描述驻波的基本量，而这句话大概是个双关。

那么，终极问题就是："一个电子有特定的频率，是表达什么意思？"我们得提醒你，这些电子态对我们来说很有意思，因为它们是量子化的，并且处于这种量子态的电子，会一直保持在这种态中（除非有什么东西进入势的作用区域，并且重击电子）。

最后这一句是我们确定"频率"含义所需的重大线索。在本章前面我们遇到了能量守恒定律，它是物理学中极少数颠扑不破的定律之一。能量守恒定律指出，如果氢原子（或方阱）内的电子具有特定的能量，则能量不会改变，除非"有事发生"。换句话说，电子不能无缘无故地自发改变能量。这听起来可能没什么意思，但请把这个和已知位于某个位置的电子进行对比。我们很清楚，这个电子会在下一瞬间跃至整个宇宙，生出无穷多块钟。但是驻波的钟图案却不一样。它保持自己的形状，和所有的钟一起快乐地永远旋转，除非有什么东西扰动它们。因此，驻波的不变性，使其成为描述具有确定能量电子的候选方案。

一旦我们把驻波频率和粒子的能量联系起来，就可以利用我们对吉他弦的知识，推断出更高的频率一定对应更高的能量。这是因为，高频率意味着短波长（因为短弦振动得更快），而且根据我们所知的方阱势的特殊情况，可以通过德布罗意关系推知，更短的波长对应更高能量的粒子。因此，重要的推论是：驻波描述具有确定能量的粒子；能量越高，钟指针绕圈越快。

小结一下，我们推理得出，当电子被势所束缚时，其能量被量子化。用物理学的行话来说，我们认为一个被陷住的电子只能存在于特定的“能级”（energy level）之中。电子能具有的最低能量，对应其“基频”驻波[i]，而这个能级通常被称为“基态”（ground state）。对应更高频率驻波的能级称为“激发态”（excited state）。

我们来想象一个困在方阱势中、具有特定能量的电子。我们说它“坐在一个特定的能级中”，其量子波将与一个单一的 n 值相关联（见第 103 页）。“坐在一个特定的能级中”，这种措辞反映出下列事实：在没有外部影响时，电子会什么都不做。更通俗地说，电子可以由很多驻波来描述，就像吉他的声音是由很多谐波组成的。这意味着，电子一般具有的不是唯一能量。

关键之处在于，测量电子能量给出的值必须始终与其中一列驻波相关。为了计算出在某个特定能量找到电子的概率，我们应该考虑总波函数中与该能量相对应的驻波的贡献，将这些驻波所关联的钟指针长度求平方，并加起来，得到的数就告诉我们电子处在这种特定能态的概率。所有这样的概率（每个能级都有一个）相加必需和为 1；这反映了一个事实，即我们总会发现，粒子的能量与特定的驻波相对应。

我们说白了：电子可以同时具有很多不同的能量，而这和说它可以处于多个位置一样怪诞。当然，到了本书的这个阶段，你应该不会再感到震惊；但在我们的日常直觉中，这还是让人震惊。注意，陷住的量子粒子，和泳池中或吉他弦上的驻波，有一项至关重要的区别。对于吉他上的驻波，它们被量子化的观念一点都不奇怪，因为描述振动弦的真实的波，是由很多不同的驻波同时组成的；而所有的这些波，在物理上都对波的总能量有贡献。因

---

i 例如，在方阱势中 n=1 的情况。

为它们能以任何方式混合，振动弦的能量可以取任意值[i]。然而，对于陷在原子内部的电子，每列驻波的相对贡献，描述了电子以那种特定能量被发现的概率。关键的区别在于，水波是由于水分子集体运动而显现的波，而电子波当然不是由电子集体运动而显现的波。

这些考量表明，原子内部的电子能量是量子化的。这意味着，电子根本无法具有任何介于某些允许值之间的能量。这就像是说，一辆车能以时速 10 英里或 40 英里行驶，但不能以介于其中的时速行驶。这个恢恑憰怪的结论立刻提供了解释，当电子沿螺线落入原子核时为何原子不会连续地辐射光。这是因为，没有办法让电子不断地一点一点释放能量。相反，它唯一能释放能量的方式，就是一次性失去一大块能量。

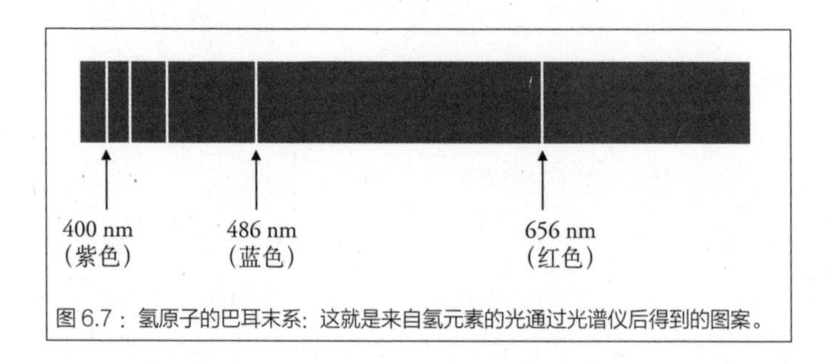

图 6.7：氢原子的巴耳末系：这就是来自氢元素的光通过光谱仪后得到的图案。

我们也可以将刚才所学，与观测到的原子性质联系起来；具体来看就可以解释它们发出光的独特颜色。图 6.7 展示了最简单

i 除了驻波混合方式的不同，振动弦的振幅也可以变化；例如，在只以一种驻波振动的情形中，通过改变振幅，也可以改变振动弦的能量。这与作为驻波的电子不同：由于概率诠释，描述电子的驻波的振幅平方之和等于 1，所以电子能量只由各驻波的混合方式决定；例如，在只有一种驻波的情形中，电子的能量是唯一确定的。

的原子——氢原子所发出的光。这种原子发出的光，由五种独特的颜色组成：一条对应656纳米波长的亮红色谱线，一条对应486纳米波长的淡蓝色谱线，还有三条紫色的、逐渐消失在光谱紫外端的谱线。这一系列颜色被称为巴耳末系，得名于瑞士数学物理学家约翰·巴耳末[i]（Johann Balmer）；他在1885年写下了能描述这些谱线的公式。巴耳末不知道他的公式为什么有效，因为量子理论当时还没有被发现；他只是用一个简单的数学公式，表达了光谱图案背后的规律。但我们能做得更好，而这一切都与氢原子内部所允许的量子波有关。

我们知道，光可以被看作光子流，每个光子的能量是 $E=hc/\lambda$，其中 λ 是光的波长[ii]。因此，原子只能发出特定颜色的光，这项观测结果就意味着，它们只能发出能量特定的光子。我们还了解到，"陷在原子"中的电子只能具有某些特定的能量。这是我们向解释由原子发出的彩色光的这个历史谜团迈进了一小步：不同的颜色，对应于电子从一个允许的能级"下落"至另一个时所发出的光子。这个想法意味着，观测到的光子能量，总是对应于一对允许的电子能量之差。这种描述光谱物理的方法，很好地展示了以允许的电子能量来描述其量子态的价值。反观，如果我们是选用了电子动量的允许值，则量子性质就不会那么明显，而我们也不会这么容易就得出结论：原子只能以特定波长发出与吸收光辐射。

---

i 约翰·巴耳末，1825年生于瑞士劳森，1898年卒于巴塞尔，瑞士数学家、数学物理学家。

ii 顺便一提，对于无质量粒子，由爱因斯坦的狭义相对论可推得 $E=cp$。如果读者知道这一点，则再结合德布罗意关系，就可以立刻得到 $E=hc/\lambda$。（原书注）

原子的盒中粒子模型没有精确到足以计算真实原子中的电子能量，然而这项计算是检验这个想法的必要条件。所幸如果我们能更准确地对质子附近陷住电子的势建模，也可以完成精确的计算。只要这些计算确凿无疑，就能证实，驻波所描述的确实是那些神秘的光谱线的起源。

你可能已经注意到，我们并未解释电子为何会因发出光子而失去能量。就本章目的而言，我们不需要解释。但是，一定会有什么东西，促使电子离开驻波，而这“什么东西”是第十章的主题。现在，我们只简要地说，“为了解释观测到的由原子所发出的光的图案，有必要假设，当电子从一个能级下落到另一个更低能级时，就会发出光”。原子盒的形状决定允许的能级，且它们因原子而异，因为在不同原子中，电子受限的环境不同。

到这里为止，我们用一幅非常简单的原子图像很好地解释清楚了；但还不足以假设电子被封闭在某个盒子中自由运动。电子是在一堆质子和其他电子附近运动；要真正理解原子，我们现在必须思考，如何更准确地描述这个环境。

原子盒

有了势的概念，就可以更准确地描述原子。我们来从最简单的原子氢原子开始。一个氢原子只有两个粒子构成：一个电子和一个质子。质子比电子重近 2 000 倍，所以我们可以假设它坐在那里动都不动，就能产生一个束缚住电子的势。

质子带正电荷，而电子带负电荷。顺带一提，质子和电子的电荷为何完全等值且相反，是物理学最大的谜团之一。或许有一

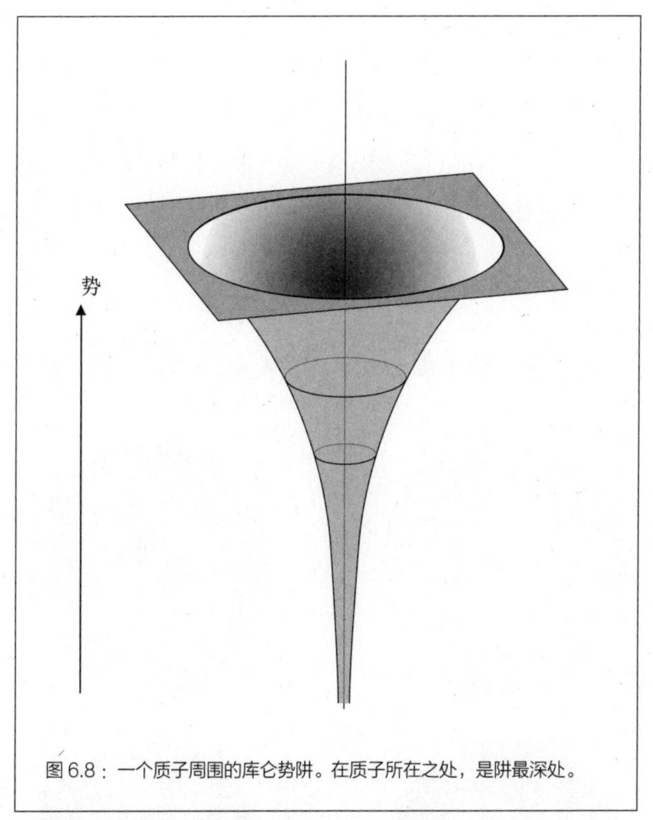

图 6.8：一个质子周围的库仑势阱。在质子所在之处，是阱最深处。

个极好的原因，和亚原子粒子某些尚未发现的基本理论有关，但在笔者撰写本书时，无人知晓。

我们所知道的是，由于电荷相反，质子会把电子拉向自己；在前量子物理学中，它可以把电子向内拉到任意小的距离。有多近取决于质子的精确性质：它到底是硬球，还是云雾状的什么东西？这个问题无关紧要，因为我们已经看到的是，电子有一个最低的能级，（粗略来讲）是由能填进质子产生的势中波长最长的量子波决定。质子产生的势已经绘在图 6.8 中。深“洞”的功能就像是我们稍早遇到的方阱势，只是其形状不像后者那么简单。它被称为“库仑势”，因为它是由两个电荷之间相互作用的定律决定的；这个定律最早由夏尔 - 奥古斯丁 · 德 · 库仑[i]（Charles-Augustin de Coulomb）于 1783 年写下。然而，挑战还是一样的：我们必须找出那些能被这个势所容纳的量子波，而这些波将决定氢原子允许的能级。

我们可以呆板地说，要找到这些量子波，就是“对库仑势阱

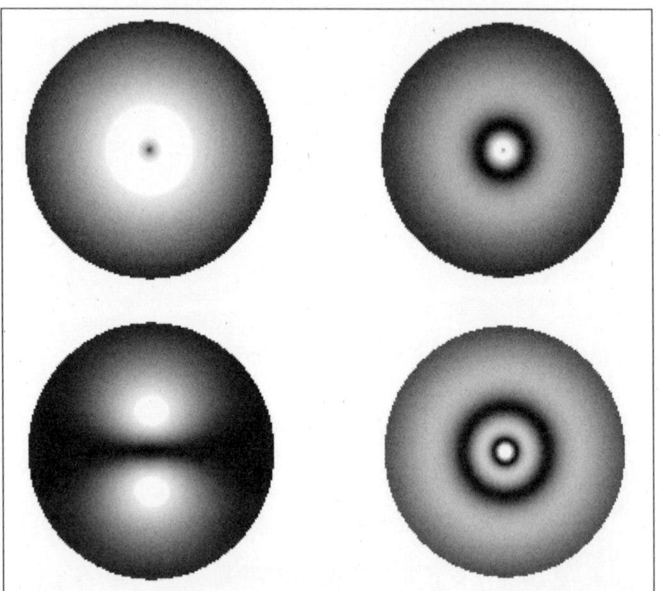

图 6.9：用以描述氢原子中电子的四列最低能量的量子波。亮的区域是电子最容易出现之处，而质子位于中心。右上图和左下图相对第一张图，展示区域扩大至 4 倍；右下图相对第一张图，展示区域扩大至 8 倍。第一张图展示区域的直径约为 3×10^{-10}m。

---

i　夏尔—奥古斯丁 · 德 · 库仑，1736 年生于法国昂古莱姆，1806 年卒于巴黎，法国军事工程师和物理学家。

求解薛定谔的波动方程”，这是实现钟跃法则的一种办法。即使对于简单如氢原子的情形，详细解法也需要技术；幸运的是，我们无需比已经领悟的知识再多学多少。为此，我们将直接跳到解答：图 6.9 展示了从氢原子的电子得到的驻波。它说明了电子在某处被找到的概率。亮的区域是电子最有可能出现的地方。当然，真正的氢原子是三维的，而这些图对应于通过原子中心的切片。左上角的图是基态波函数，它告诉我们，在这种情形中，电子通常会位于距质子 1×10^{-10} 米处。驻波的能量从左上到右下

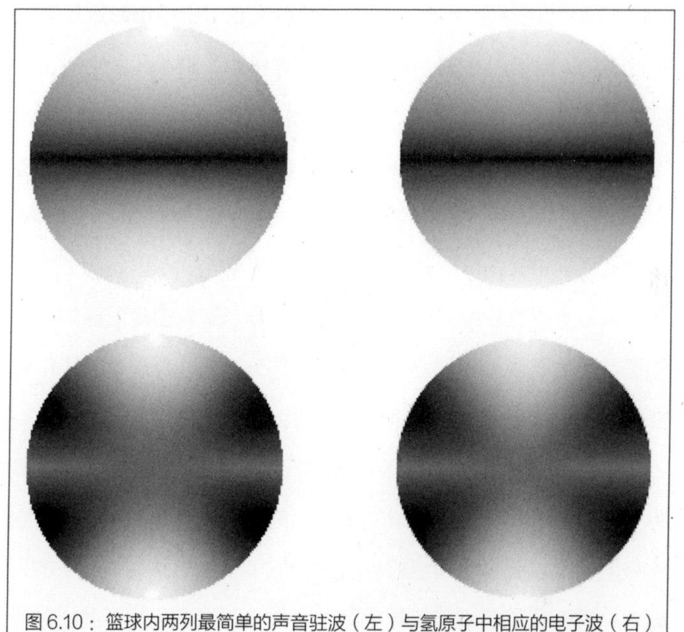

图 6.10：篮球内两列最简单的声音驻波（左）与氢原子中相应的电子波（右）作比较，它们非常相似。氢原子的上方图是图 6.9 中左下图中心区域的特写。

图递增。从左上到右下，观察尺度也扩大到 8 倍——事实上，覆盖左上角图大部分的明亮区域，大约和右边两张图中部的小亮区一样大。这意味着，电子处在更高能级时，倾向于离质子更远

（因此电子和质子的结合更弱）。这些波显然不是正弦波，这就是说，它们不对应动量确定的量子态。但是，如我们所反复强调的，它们确实对应能量确定的态。

驻波的独特形状，是由阱的形状造成的；其中有一些特点，值得稍加讨论。质子周围的阱的最显著特点是，它是球对称（spherically symmetric）的。这意味着，无论从哪个角度看它都是一样的。要想象出这一点，请考虑一个没有标记的篮球：它是一个完美的球，无论如何转动它，看起来都一样。也许，我们可以大胆地把氢原子内的电子，想象成是被困在一个小小的篮球里？这当然比说电子陷在一个方阱里要更有可能；而不寻常的是，它们还有相似性[i]。图 6.10 左侧是篮球内两列能量最低的声音驻波。我们再次沿中心切开球，随图中颜色由黑转白代表着球中的气体压强逐渐增大[ii]。图右侧是氢原子中两列可能的电子波。左右两张图虽不完全相同，但十分相似。所以，想象氢原子内的电子陷在一个类似于小篮球的东西里，也没那么蠢。这幅图像的确能展示量子粒子的类波行为，它有望解开一部分谜团：理解氢原子中的电子，并不比理解气体在篮球内部的振动更复杂。

在离开氢原子话题之前，笔者想多说一点关于质子产生的势，以及电子如何随着发射光子、由高能级跃至低能级。通过引入势的概念，我们合理地避免了关于质子和电子是如何通信的讨论。这种简化让我们理解被束缚粒子能量的量子化。但是，如果想认真理解发生的事情，我们应该尝试解释束缚粒子背后的机

---

i 方阱的“方”，说的是势在边界处跃变，而在阱内外分别为常数，与几何形状没有关系。本段所述三维空间中的情形，也可以称为球对称方势阱。

ii 空气中的声波可以看成是空气压强的波动。

制。对于粒子在真实盒子中运动的情形，我们可能会想象某种无法被穿透的盒壁，它大概是由原子组成，粒子将与这些原子相互作用因而无法穿透盒壁。对“不可穿透性”的正确理解要从粒子如何相互作用出发。我们比喻说，氢原子中的质子“产生一个势”，而电子在其中运动，又把势束缚住电子的方式比喻为粒子陷在盒子里的方式。这种说法还是回避了更深层的问题，因为很明显，电子与质子会相互作用；而正是这种相互作用，决定了电子如何被禁锢。

在第十章中将会看到，补充一些处理粒子相互作用的新规则，来完善我们到目前为止所阐明的量子规则。目前，我们的规则非常简单：粒子携带虚构的钟跳来跳去；根据跳跃的距离，钟会逆时针转动特定的量。允许所有的跳跃，因此一个粒子可以通过无穷多条路线从 A 跃至 B。每条路线都会将其自己的量子钟送至 B，我们必须把这些钟加起来，以决定一个作为结果的钟。这块钟就会告诉我们在 B 处找到粒子的概率。在这套把戏中加入相互作用其实很简单，只要在跳跃规则之外，我们再添加一条新规则，规定一个粒子可以发射或吸收另一个粒子。如果发生相互作用之前只有一个粒子，则这之后可以有两个；如果发生相互作用之前有两个粒子，则这之后可以只有一个。当然，如果想搞出数学形式，则我们需要更精确地说明，哪些粒子可以融合或分裂，以及每个粒子携带的钟在相互作用时会怎样。相互作用是第十章的主题，但是它对原子的影响应该很显而易见的。如果有规则说电子是通过发射光子来相互作用，则有这种可能：氢原子中的电子吐出一个光子，失去能量而跌落至更低的能级。它也可能吸收一个光子，得到能量并跃上更高的能级。

光谱线的存在表明，发射和吸收光子确有其事，并且这个过程通常严重偏向一种方式。具体来说，电子可以随时吐出一个光子并损失能量，但它唯一获得能量并跃上更高能级的方式是，有一个光子（或其他来源的能量）能与之相撞。在一团氢气中，这样的光子通常既少又远，而一个处于激发态的原子更可能发射一个光子，而不是吸收。最后的净效应是，氢原子倾向于退激发(de—excite)；这是说，发射率超过了吸收率，并且在一段时间后，原子会降至 $n=1$ 基态。但情况并非总是如此，因为有可能通过可控的方式给原子提供能量，使其不断激发。这就是如今已无所不在的激光（laser）技术的基础。激光的基本思想是，将能量泵入原子，激发它们，并收集电子能级降低时产生的光子。当以高精度从 CD 或 DVD 表面读取数据时，这些光子非常有用：量子力学以各种形式影响着我们的生活。

在本章中，我们用量子化能级的简单观念成功地解释了光谱线的来源。我们看似有了一种思考原子的可行方式。但有些事又不太对。我们还缺少最后一块拼图；没有它，就不能解释其他比氢更重的原子。更确切地说，也将无法解释，为何我们不会落入地面；这对描述大自然的最好理论是个问题。我们要寻找的洞见，来自奥地利物理学家沃尔夫冈 · 泡利的工作。

第七章　针锋中的宇宙（以及为何我们不会落入地面）

我们为什么不会落入地面，这事有点神秘。认为地面是“固体”不太有说服力，尤其是在卢瑟福发现原子内几乎空无一物以后。据我们所知，自然界的基本粒子根本没有尺寸，这就更令人费解了。

处理“没有大小”的粒子听起来很有问题，也许甚至不可能。但笔者在前几章中说的任何话，都没有预设或要求粒子有任何物理尺度。真正的点状对象即使在概念上违背常识也不一定是错的，如果阅读一本量子理论书籍的读者，到了这个阶段还能保持常识的话。当然，在未来的实验中，甚至也许是当今的大型强子对撞机（Large Hadron Collider）上，就完全可以发现，电子和夸克不是无穷小的点；只是现在来看，还没有实验为此背书，并且在粒子物理学的基本方程中也没有“尺寸”的位置。这并不是说点粒子就没有自己的问题，把有限的电荷压缩到无穷小的体积内是很棘手。但到目前为止，理论上的隐患已经被避开了。也许，发展一套引力的量子理论作为基础物理学中的未解问题，暗示了粒子的尺寸是有限的，但是还没有证据能迫使物理学者放弃基本粒子的观念。强调一下：点粒子真的没有大小。“如果我把电子分成两半会怎么样？”这个问题完全讲不通，“半个电子”的想法没有意义。

用完全没有大小的基本物质碎片来做研究，有一个好处：面对整个可见宇宙曾被压缩到一个柚子大小的体积，甚至只有一个针尖大小，我们也不会有任何困扰。这的确匪夷所思，要想象把一座山压缩成豌豆大小就足够困难了，遑论恒星、星系，乃至可观测宇宙中 3500 亿个庞大的星系。但也绝对没有理由否认这样的可能性。事实上，当下诸多关于宇宙结构起源的理论，就直接涉及处在天文数字级的致密状态下的宇宙特性。这样的一些理论看似稀奇古怪，但有大量的观测证据支持。在本书的最后一章，我们会遇到致密天体，即使称不上“针锋中的宇宙”，也可以说是“豌豆中的山峦”：白矮星（white dwarf）是一种天体，将恒星的质量挤进地球大小的空间中；而中子星（neutron star）的质量则与之类似，但凝聚在城市大小的完美球体中。这些天体并不科幻；天文学家已经观测到它们，并进行了高精度的测量，而量子理论是我们计算它们的性质并用观测数据比对的基础。作为理解白矮星和中子星的第一步，我们需要解决一个更平淡的问题，也是开启本章的问题：如果地面基本上是空的，为何我们不会落进去呢？

这个疑问有一段悠久而可敬的历史。直到 1967 年，才在弗里曼 · 戴森和安德鲁 · 莱纳德[i]（Andrew Lenard）的一篇论文[ii]中，意外地确立了答案。他们开启这一探索旅程的原因是，有同事给

---

i 安德鲁 · 莱纳德，1927 年生于匈牙利的包尔毛兹新城，美籍数学物理学家。

ii 《物质的稳定性》两篇论文，发表于《数学物理期刊》第 8 卷第 423 页及第 9 卷第 698 页。

任何能证明物质确实不会自行坍塌的人提供一瓶年份香槟[i]。戴森称，证明极其复杂、困难和晦涩，但也是我们量子宇宙中最迷人的一面。他们证明，只有当电子服从一种被称为泡利不相容原理（Pauli Exclusion Principle）的规律时，物质才会是稳定的。

我们将从一些数秘术[ii]开始。我们从上一章中可以看到最简单的原子——氢原子可以通过寻找质子势阱所能容纳的量子波来理解。这使我们至少能定量地理解氢原子所发出的独特光谱。如果花些时间，我们立即就可以算出氢原子的能级。每位物理系本科生都在某个学习阶段进行了这项计算，而且它效果绝佳，与实验数据一致。直到上一章的内容，“盒中粒子”的简化描述已经足够有效，因为它包含了笔者要强调的所有重点。然而，我们还需要一项完整计算中的特征，它之所以出现是因为真实的氢原子在三维中延展。对于盒中粒子的示例，我们只需考虑一维，把一系列能级数标记为 n。最低能级标为 $n=1$，次低的 $n=2$，以此类推。当计算扩展到完整的三维情形中，结果也许并不意外，要描述所有允许的能级，需要三个数。这三个数在传统上用 n，l 和 m 表示，并被称为量子数（在本章中，注意不要把 m 和粒子质量混淆）。量子数 n 对应于盒中粒子的 n。它取整数值（$n=1$，2，3 等），而粒子能量随 n 变大而增加。l 和 m 的可能取值和 n 有关；l 必须小于 n 并且可以是 0，例如当 $n=3$，l 可以为 0，1 或 2。m 可以取 $-l$ 到 $+l$ 的任何整数值。因此，如果 $l=2$，则 m 可以等于 −2，−1，0，1 或 2。笔者不打算解释这些数的来历，因为这

---

i vintage champagne，指酿造基酒完全来自某年份且符合“香槟”标准的葡萄气泡酒，一般来自葡萄品质超群的年份。

ii numerology，指相信数字与相应事物存在神秘联系的一类迷信。

不会帮助我们理解。只要补充说明，图 6.9 中的四列波分别对应 (n,l)=(1,0),(2,0) 和 (3,0)（并且都是 m=0），就足够了[i]。

如前所述，量子数 n 是控制电子允许能量的主要数字。允许能量也对 l 的值有少许依赖，但只有在精准测量所发光的情况下才能体现。玻尔在首次计算氢原子谱线的能量时，并没有考虑这一点；他原始的公式完全用 n 来表示。电子的能量对 m 几乎没有依赖，除非把它放到磁场中（其实，m 被称为“磁量子数”），但这不代表它不重要。要了解原因，我们来继续研究数秘术。

如果 n=1，有多少不同的能级呢？应用前述规则，l 和 m 此时都只能为 0，所以 n=1 只有一个能级。

现在来看 n=2，l 可以取两个值，0 和 1。如果 l=1，则 m 可以等于 -1，0 或 +1，这就多了 3 个能级，总数为 4。

对于 n=3，l 可以是 0，1 或 2。对于 l=2，m 可以等于 -2，-1，0，+1 或2，给出5个能级。所以总共有1+3+5=9个能级。依此类推。

记住前三个 n 对应的这些数：1，4 和 9。现在看看图 7.1，它展示了化学元素周期表（periodic table）的前四行。数出每行的元素数量，并除以 2，会得到 1，4，4 和 9。这些数的意义会很快揭晓。

以这种方式来安排化学元素的功劳，通常归于俄国化学家德

i 如上一章所述，从技术角度来讲，由于质子周围的势阱是球对称的而非方盒，所以薛定谔方程的解，必须正比于球面谐波（spherical harmonic）。与球面谐波关联的角度依赖给出了量子数 l 和 m。解的径向依赖，给出了主量子数 n。（原书注）

米特里·门捷列夫[i](Dmitri Mendeleev)。他在 1869 年 3 月 6 日将元素周期表提交给俄国化学学会，这比计算出氢原子允许的能级还要早上好多年。门捷列夫按照元素原子量（atomic weight）来排列元素；这与我们现在所说的原子核中质子和中子的数量相对应，尽管门捷列夫当时也没发现这一点。元素的顺序实际上对应于核内的质子数量（中子数量无关紧要），但对于较轻的元素来说，这本身区别不大，这也是门捷列夫正确的原因。他选择将元素按照行和列排列，因为他注意到，尽管某些元素的原子量不同，但它们的化学性质却非常相似；纵列组合在一起的元素也都相类似——周期表最右端的氦、氖、氩和氪都是反应活性极低的气体。门捷列夫不仅弄对了周期规律，他还预测了新元素的存在，以填充他的周期表中的空白：1875 和 1886 年分别发现了 31 和 32 号元素（镓和锗）。这些发现证实，门捷列夫已经发现了原子结构某些深层的东西，但当时没人知道到底是什么。

令人震惊的是，第一行有两个元素，第二和第三行有八个，第四行有十八个，而这些数正好是我们刚才算出的氢原子能级数

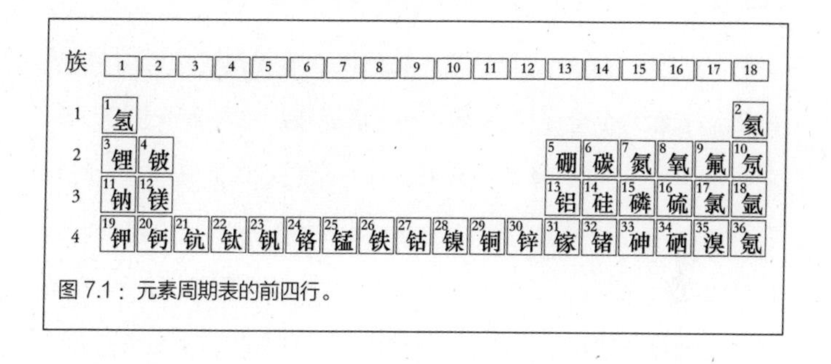

图 7.1：元素周期表的前四行。

i 德米特里·门捷列夫，1834 年生于俄国托博尔斯克，1907 年卒于圣彼得堡，俄国化学家。

的两倍。为何如此？

如前所述，周期表中的元素，是按原子核中质子的数量从左到右排列的，而质子数与原子中电子的数量相同。还记得吗，原子都是电中性的——质子的正电荷恰好被电子的负电荷平衡。显然，某些有趣的机制将元素的化学性质与电子绕核运动所允许的能量联系在了一起。

可以设想，通过一次次增加质子、中子与电子，用较轻的原子制造出较重的原子；要记住，在原子核中每多加入一个质子，就应该在某个能级上多加入一个电子。如果我们简单断言，每个能级能且仅能包含两个电子，就可以解出这道数秘术练习，得出我们在周期表中看到的规律。我们来看看这是如何做到的。

氢原子只有 1 个电子，归入 $n=1$ 能级。氦原子有 2 个电子，它们都会进入 $n=1$ 能级。现在 $n=1$ 能级已经填满了。要制造锂原子，得加入第 3 个电子，但它得进入 $n=2$ 能级。对应于接下来的 7 种元素（铍、硼、碳、氮、氧、氟、氖）的 7 个电子，也可以坐进 $n=2$ 能级，因为这个能级有 4 个位置，对应 $l=0$，以及 $l=1$ 时的 $m=-1$，0 和 +1。这样我们就能解释直到氖的所有元素。对于氖，$n=2$ 中的能级已被填满，我们接下来得去填充 $n=3$，从钠开始。下面 8 个电子依次填充 $n=3$ 诸能级；电子首先填至 $l=0$，之后是 $l=1$。这就解释了所有第三行的元素，直至氩。对于周期表的第四行，如果我们假设它包含 $n=3$ 中所有剩下的电子（即 10 个 $l=2$ 的电子），以及 $n=4$ 中 $l=0$ 和 $l=1$ 的电子（共 8 个），则这一行就可以解释了。图 7.2 勾勒出了我们周期表中最重的元素氪（有 36 个电子）的能级。

为了把前述内容提升到科学层次而非数秘术，笔者得加以解释。首先，需要解释为何同一纵列中元素的化学性质相似。从我们的方案中可以清楚地看到，周期表前三行中的每一行，从第一个元素开始，都是按照 n 递增的顺序来填充能级。具体来说，从

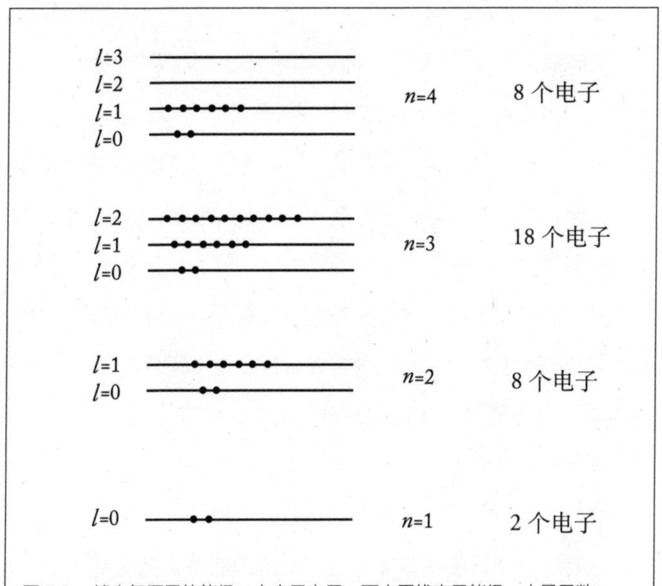

图 7.2：填充氪原子的能级。点表示电子，而水平线表示能级，由量子数 n，l 和 m 标记。具有相同 n 与 l，但 m 不同的能级已被归为一类。

氢元素开始，先往空的 n=1 能级填充 1 个电子；第二行从锂元素开始，先往空的 n=2 能级中填 1 个电子；第三行从钠元素开始，先往空的 n=3 能级中填 1 个电子。第三行有点怪，因为 n=3 能级可以容纳 18 个电子，而第三行并没有 18 种元素。但我们可以猜到个中缘由——前 8 个电子填满了 n=3 中 l=0 和 l=1 的能级，之后我们（因故）得换到第四行。现在，第四行包含了 n=3 中其余 l=2 的 10 个电子，以及 n=4 中 l=0 和 l=1 能级上的 8 个电子。周期表中的横行并不完全与 n 的值相关，这个事实表明，化学与

能级编号之间的关联并不像前面设想的那么简单。然而，现在我们知道，第四行的前 2 个元素钾和钙，确实在 n=4，l=0 能级上，而接下来的 10 个元素（从钪到锌）的新增电子都姗姗来迟，填回 n=3，l=2 能级上。

要理解为何对 n=3，l=2 能级的填充要推迟到钙以后，就需要解释为何包含了钾和钙的 n=4，l=0 能级比 n=3，l=2 能级的能量更低。前面说过，原子的“基态”是电子能量最低的构型，因为任何激发态总可以通过发出光子来降低其能量。因此，说“这个原子包含坐在这些能级上的电子”时，笔者是在说电子能量最低的构型。当然，我们并没有要尝试去实际计算这些能级，所以我们并没有确实的理由将能级按能量排序。事实是，要计算包括两个以上电子的原子中电子允许的能级，就是非常困难的事情了，而即使是两电子的情形（氦）也不那么容易。能级随 n 增加的顺序递增，这个简单想法来自对氢原子的计算，而它要容易得多；这种情况下，确实是 n=1 具有最低的能量，其次是 n=2，然后是 n=3，依此类推。

前述内容的明显含义是，周期表最右端的元素，对应于某一族能级刚好完全填满的原子。具体来说，对于氦，n=1 能级是满的；对于氖，n=2 能级是满的；而对于氩，n=3 能级是满的，至少对于 l=0 和 l=1 是这样。我们可以将这些想法推进一小步，就能理解化学中一些重要的观念。幸运的是，笔者不是在写化学教材，所以可以简略处理；冒着用一段话就否定整个学科的风险，我们继续。

关键的观察是，原子可以通过共享电子而粘在一起；下一章中，我们将在探讨一对氢原子如何结合成一个氢分子时遇到这个想法。一般的规则是，元素“喜欢”把它们所有的能级齐整地填满。对于氦、氖、氩和氪的情况，能级已经完全填满了，所以它们自己就很“高兴”，不需要为发生化学反应而“烦扰”。对于其他的元素，它们可以“尝试”与其他元素共享电子来填满能级。例如，氢原子需要一个额外的电子来填满其 $n=1$ 能级。它可以通过与另一个氢原子共享 1 个电子来达到这个目的。这样，它就形成了 1 个氢分子，化学符号 H_2。这就是氢气存在的常见形式。碳原子在其 $n=2$，$l=0$ 和 $l=1$ 能级上的 8 个可能位置中有 4 个电子；它“希望”尽可能再得到 4 个电子来填满它们。可以通过结合 4 个氢原子来实现这一点，形成 CH_4，即甲烷（methane）。碳元素也可以通过结合两个氧原子，后者本身需要两个电子来填满其 $n=2$ 能级。这就形成了 CO_2，即二氧化碳（carbon dioxide）。氧原子亦能通过结合两个氢原子来填满能级，形成 H_2O，即水。诸如此类。这就是化学的基础：原子若能填满其能级，即使是与相邻原子共享电子，在能量上也比较有利。追根溯源，这是来自事物趋向其最低能级的原理；原子有这么做的“意愿”，是从水到脱氧核糖核酸（DNA）的万物形成的动力。在一个富含氢、氧和碳的世界，我们现在明白了为何二氧化碳、水和甲烷都如此普遍存在。

这是非常鼓舞人心的，但还有最后一块拼图需要解释：为何只有 2 个电子能占据每个可用的能级？这是泡利不相容原理的一个结果；要让上述讨论自洽，它显然是必要的。没有不相容原理，电子们就会挤在每个原子核周围最低的能级上，就不会有化学；这比初听起来要更糟，因为这样宇宙中就不会有分子，因此也就不会有生命。

每个能级有且仅有 2 个电子能占据，这个想法的确看似相当武断；在历史上，当这个想法刚被提出时，没人知道为什么会是这样。最初的突破由埃德蒙 · 斯托纳[i]（Edmund Stoner）提出，他的父亲是一位职业板球运动员[ii]（为熟读《威斯登板球年鉴》[iii] 的读者多提一句：这位运动员曾在 1907 年对阵南非队的比赛中八次击落三柱门的横木[iv]），而他自己是卢瑟福的一位学生，后来管理了利兹大学物理系[v]。在 1924 年 10 月，斯托纳提出，在每个（n，l，m）能级上应该允许两个电子。泡利发展了斯托纳的提议，并于 1925 年发表了一条规则，在一年后被狄拉克称为泡利原理。在泡利首次提出的形式中不相容原理是说，原子中没有两个电子可以具有相同的量子数。他面临的问题是，两个电子貌似可以共享每一组 n，l 和 m 的值。泡利通过只简单引入一个新的量子数来解决这个问题。这是一条拟设，他并不知道这代表着什么。但它只能取两个值中的一个。泡利写道："我们不能对这条规则给出更精确的理由。" 1925 年，乔治 · 乌伦贝克[vi]（George Uhlenbeck）和塞缪尔 · 古德斯米特[vii]（Samuel Goudsmit）提出了进一步见解。

---

i　埃德蒙 · 斯托纳，1899 年生于萨里郡，1968 年卒于利兹，英国理论物理学家。

ii　亚瑟 · 斯托纳 (Arthur Stoner)，1870 年生于伦敦的斯特雷特姆，卒于 1938 年，英国职业板球运动员和裁判。

iii　又名《板球圣经》，是由英国板球运动员约翰 · 威斯登于 1864 年创办的年鉴。

iv　板球是一种盛行于英联邦国家的团体运动。投球击落三柱门上的横木，可使对方击球员出局。

v　利兹位于英格兰中北部。

vi　乔治 · 乌伦贝克，1900 年生于今天的印度尼西亚雅加达，1988 年卒于美国科罗拉多州博尔德，美籍荷兰裔理论物理学家。

vii　塞缪尔 · 古德斯米特，1902 年生于荷兰海牙，1978 年卒于美国内华达州里诺，美籍荷兰裔物理学家。

他们受原子光谱的精确测量结果启发，将泡利的额外量子数与一条真实、物理的电子性质等同起来，就是“自旋”(spin)。

自旋的基本概念很简单，可以追溯到1903年，远比现代量子理论要早。在它被发现的几年后，德国科学家马克斯·亚伯拉罕[i]（Max Abraham）提出，电子是一种微小、自转的带电球。如果这是真的，则电子会受到磁场的影响，并取决于磁场与自旋的相对方向。在亚伯拉罕去世后三年，乌伦贝克和古德斯米特在他们于1925年发表的论文中指出，自旋球的模型不可能正确，因为要解释观测到的数据，电子须自转得比光速快。但这个想法的精神是正确的：电子的确有一种称为自旋的性质，它也的确影响电子在磁场中的行为。然而，自旋真正的起源是爱因斯坦的狭义相对论直接导出的微妙结果；但它直到保罗·狄拉克于1928年写下了一个描述电子的量子行为的方程之后，才被正确地理解。就我们的目的而言，只须承认电子的确有两种类型，称为“自旋向上”和“自旋向下”，而两种类型的区别在于角动量的方向相反；也就是说，它们确实像是在以相反的方向自转。遗憾的是，亚伯拉罕在电子自旋的真正本性被发现前几年就去世了，他从未放弃电子是一个小球的信念。在1923年的亚伯拉罕讣告[ii]中，马克斯·玻恩和马克斯·冯·劳厄[iii]（Max von Laue）写道：“他是一个可敬的对手，以诚实为武器战斗，不以悲叹和不实争论来掩饰

---

i 马克斯·亚伯拉罕，1875年生于今属波兰的格但斯克，1922年卒于慕尼黑，德国理论物理学家。

ii 讣告共有两段，分别发表于1923和1924年的《物理学期刊》上；引文应该出自次年的那一部分。

iii 马克斯·冯·劳厄，1879年生于现在德国的科布伦茨，1960年卒于西柏林，德国物理学家。

失败……他爱他的绝对以太、他的场方程、他的刚性电子，就像年轻人爱他的初恋，这段爱恋不会被之后的任何经历磨灭。”如果我们遇到的对手都像亚伯拉罕这样，那该多好。

本章其余部分的目标是，解释电子为何会以不相容原理所述的奇怪方式行事。跟以前一样，我们会好好利用这些量子钟。

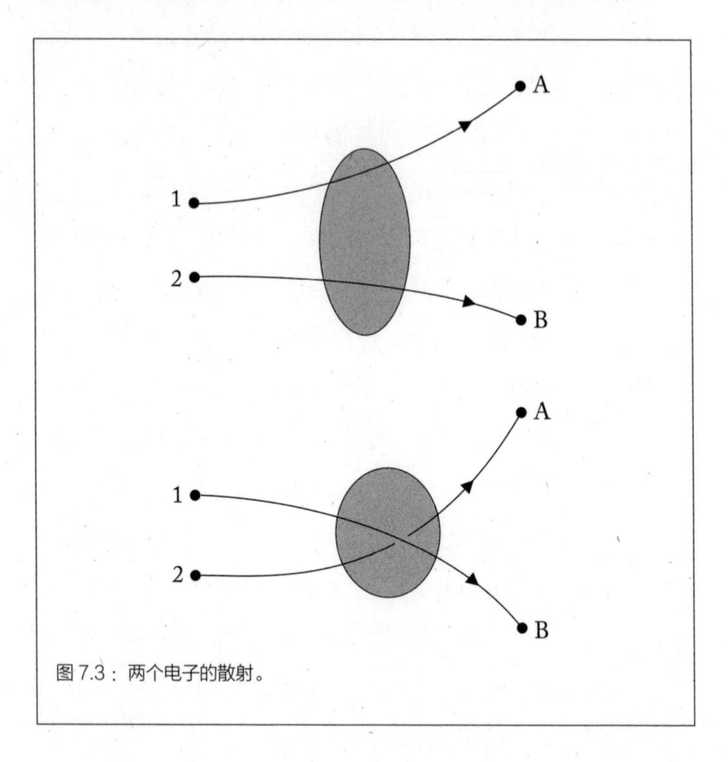

图 7.3：两个电子的散射。

可以通过思考当两个电子彼此“弹”回时会怎么样，来解决这个问题。图 7.3 说明了一种特殊的情况：两个用“1”和“2”标记的电子，从某处出发，在他处结束。最终的位置标记为 A 和 B。阴影泡是在提醒，我们还没有考虑过两个电子相互作用的过程（个中细节和这段讨论的目标无关）。我们只需想象，电子

1 自其起始位置跃起，并到达标为 A 的位置。同样，电子 2 到达标为 B 地位置。这就是上方图所展示的状况。其实，即使忽略两个电子可能发生相互作用，我们即将提出的论点也是成立的。在那种情况下，电子 1 跃至 A 处，且对电子 2 的闲庭信步毫无察觉；而在位置 A 找到电子 1 且在位置 B 找到电子 2 的概率，就会是两个独立概率的乘积。

例如，假设电子 1 跃至位置 A 的概率是 45%，而电子 2 跃至位置 B 的概率是 20%，在位置 A 找到电子 1 且在位置 B 找到电子 2 的概率是 0.45 × 0.2=0.09=9%。我们在这里所做的，和掷硬币、骰子的逻辑一样：同时得到硬币“反面”和骰子“六”点的概率是 1/2 乘以 1/6，等于（比 8% 多一点）[i]。

如图所示，还有第二种方法可以让两个电子到达 A 和 B。有可能电子 1 跃至 B，而电子 2 跃至 A。假设在 B 处找到电子 1 的概率是 5%，在 A 处找到电子 2 的概率是 20%，则在 B 处找到电子 1 且在 A 处找到电子 2 的概率是 0.05 × 0.2=0.01=1%。

因此，有两种方法可以让两个电子到达 A 和 B ：一种有 9% 的概率，另一种有 1% 的概率。所以，如果我们不在乎谁是谁，则一个电子到达 A、另一个到达 B 的概率，应该是 9%+1%=10%。很简单，但这是错的。

错误在于，上述推理中假设，可以谈论哪个电子到达 A、哪个又到达了 B。如果所有电子在各方面都完全相同呢？这听起来可能是个无关紧要的问题，但并非如此。顺便一提，量子粒子

---

i 我们将在第十章中了解到，考虑到两个电子相互作用的可能性，意味着需要计算出，在 A 处找到电子 1 并“同时”在 B 处找到电子 2 的概率，因为这并不能简化成两个独立概率的乘积。但就本章而言，这是一个无关细节。（原书注）

可能严格全同（identical）的说法，最早追溯到与普朗克的黑体辐射定律有关。一位鲜为人知的物理学家拉迪斯拉斯·纳坦森[i]（Ladislas Natanson）早在1911年就指出，普朗克定律与光子可被看作可区分粒子的假设不兼容。换句话说，如果能标记一个光子并追踪其运动，就不会得到普朗克定律。

如果电子1和2是绝对全同的，则散射过程须描述如下：起初有两个电子，一小段时间后仍有两个电子，位于不同位置。如前所述，量子粒子不沿明确定义的轨迹运动，这意味着即使在原则上也确实无法追踪它们。因此，声称电子1出现在A处而电子2在B处，毫无意义。因为我们就是无法分辨，给它们做标记也没有意义。这就是量子理论中两个粒子“全同”的意义。这条推理线会把我们带到哪里？

再看看图7.3。对于这个特定的过程，我们给上下两张图关联的概率（9%和1%）并没有错。然而，它们还不是全部。我们知道，量子粒子是由钟来描述的，所以我们可以将到达A的电子1与一块大小等于45%的平方根的钟关联起来。同样，也有一块钟与到达B的电子2相关联，其大小等于20%的平方根。

现在要引入一条新的量子规则。它说，要把一块钟与整个过程关联起来；亦即，有一块钟，其大小的平方等于在A处找到电子1并在B处找到电子2的概率。换言之，在图7.3中，有一块单独的钟与上方图相关联。可以看到，这块钟的大小必须等于9%的平方根，因为那就是该过程发生的概率。但它会指向什么

---

i 拉迪斯拉斯·纳坦森在原文中和西欧世界常拼为Ladisla[u]s Natanson，波兰文Władysław Natanson，1864年生于华沙，1937年卒于克拉科夫，波兰物理学家。

时刻呢？这个问题的解答是第十章的领域，而它涉及钟相乘的概念。就本章而言，我们无需知道具体时刻，只需知道刚刚说过的那条重要的新规则；而它值得被重复一次，因为它是量子理论中的一条非常普遍的阐述：应该给一整个过程可能发生的所有方式都单独关联一块钟。给在单个位置找到单个粒子这个过程关联上一块钟，是这条规则最简单的示例；而在本书中，我们利用它顺利走到了这一步。但这是一种特殊情况；只要我们开始考虑多于一个粒子的情形，就需要扩展这条规则。

这意味着，图 7.3 中的上方图对应一块大小等于 0.3 的钟。同样，有一块大小等于 0.1（因为 0.1 的平方是 0.01=1%）的钟与下方图相关联。因此，我们有两块钟，并想以此确定在 A 处找到一个电子并在 B 处找到另一个的概率。如果两个电子是可区分的，答案会很简单：只需把与每种可能相关联的概率（而非钟）加起来。这样就会得到 10% 的答案。

但是，如果完全无法知道哪张图是真实的情况——例如当电子彼此不可区分时，则按照我们为单个粒子从此处跃至彼处而建立的逻辑，尝试把钟合并起来。我们所追求的是更具普遍意义的规则：对于单个粒子应该把粒子能到达某特定位置的所有方式所对应的钟都加起来，这样才能确定在那个位置找到粒子的概率。对于由许多全同粒子组成的系统，考虑到达一组位置的所有不同方式，应该把与这些方式所关联的所有钟都合并在一起，才能确定这些粒子在这组位置被找到的概率。这一点很重要，足够值得多读几遍；应该很清楚，这条合并钟的新规则，是我们一直以来用于单个粒子的规则的直接延展。然而，你可能已经注意到，我们在措辞上非常小心。笔者并没有说，这些钟一定要加在一起，而是说它们应该被合并起来。笔者的谨慎是有充分理由的。

最显而易见的做法，是把钟都加起来。但在跃进之前，我们应该先问一下，是否有好的理由能说明这是对的。这是一个很好的例子，说明在物理学中不要想当然；对假设的探索，往往带来新的见解，在本例中亦是如此。我们来退一步，想想最一般的做法。这会是在把钟相加之前，允许将其中一块钟旋转或者收缩的可能性。我们来更详细地探索一下这种可能性。

现在是这样："我有两块钟，想把它们合并成一块钟，这样就能知道在 A 和 B 发现这两个电子的概率是多少。我该怎么合并它们呢？"我们并没有先入为主地给出回答，因为我们想要理解，钟的相加是否真的是我们应该使用的规则。可以发现，我们能有的选择并不多；钟的相加是仅有的两种可能性之一，这真是耐人寻味。

为了简化讨论，我们来把粒子 1 跃至 A 且粒子 2 跃至 B 所对应的钟称为钟 1。这就是图 7.3 中与上方图相关联的钟。而钟 2 则对应另一选项，即粒子 1 跃至 B 且粒子 2 跃至 A。这里有一条重要的认识：如果在将钟 1 与钟 2 相加之前先旋转前者，则我们计算出的最终概率必须与选择先将后者做相同旋转时的概率相同。

要看出这一点，注意到交换图中的标签 A 和 B 显然并不能改变什么，而只是用不同的方式描述同一个过程。但是，交换 A 和 B，也会交换图 7.3 中的上下图。这就是说，如果我们决定在把钟 1 与钟 2 相加之前先旋转前者（对应于上方图），那么在交换标签 A 与 B 后，这必须精确对应于先旋转钟 2 再相加。这段逻辑推理至关重要，值得三令五申。由于已经假定无法分辨两个粒子之间的区别，因此我们可以将标签互换。这意味着，旋转钟1与将钟2转过相同圈数，必须给出相同的答案，因为无法区分两块钟。

这项观察并非善类：它给出了一个非常重要的结果。因为要将钟旋转和缩小之后再加起来，有且仅有两种可能的方法可以让得到的最终结果不依赖于一开始选择对哪块钟做这些操作。

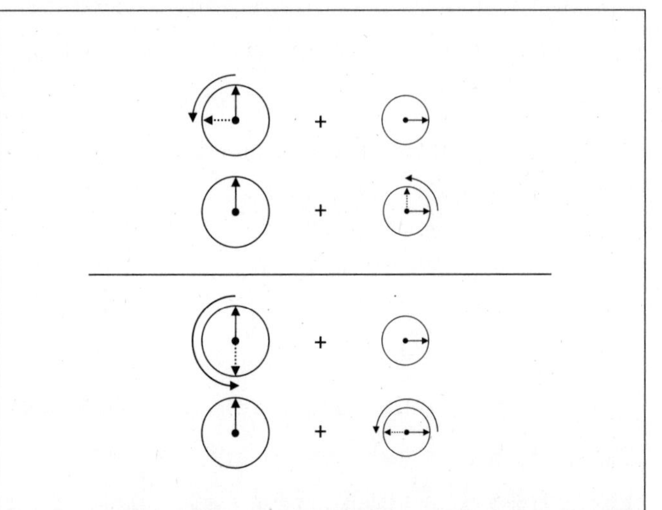

图 7.4：上方图显示，在将钟 1 旋转 90 度后再把钟 1 和 2 相加，与先将钟 2 旋转 90 度再把它们相加，是不一样的。下方图显示了一个有趣的可能性：我们可以把一块钟旋转 180 度再相加。

图 7.4 展示了这一点。上方图说明，如果将钟 1 旋转 90 度再与钟 2 相加，则得到的结果与先将钟 2 旋转 90 度再与钟 1 相加不同。我们能看出这一点是因为，如果先旋转钟 1，则由点线箭头表示的新指针与钟 2 的指针指向相反的方向，因此它们部分抵消。而旋转钟 2 的指针则会使其与钟 1 的指针指向相同方向，

它们相加就会得到更大的指针。

应该很清楚，90 度并不特殊；选择其他的旋转角度，也会给出一个相加结果与钟 1 和钟 2 谁被旋转有关。

一个明显的特例是钟转过的角度为 0，因为先将钟 1 旋转 0 度再与钟 2 相加，与先将钟 2 旋转 0 度再与钟 1 相加，显然是完全相同的。这就是说，把钟加起来并不做任何转动，也是有可能的。类似地，将两块钟转过相同的角度也能行，但这与“不旋转”的情形是一样的，对应于重新定义“12 点”。这相当于是说，我们可以自由地将所有的钟都转过相同的角度，只要是每一块钟都这么做，那就永远不会影响到我们想要计算的概率。

图 7.4 的下方图说明，还有一种方法可以把钟合并起来，或许有点令人惊讶：我们可以把其中一块转过 180 度，再与另一块相加。这并不能在两种情形下产生完全相同的钟，但是它确实产生了相同大小的钟，这意味着转过 180 度的做法能给出在 A 处找到一个电子并在 B 处找到另一个的概率是相同的。

用类似的推理可以排除在相加前收缩或者拉伸其中一块钟的可能性；因为如果我们将钟 1 收缩一定比例，再与钟 2 相加，则这通常与将钟 2 缩小相同的量，再与钟 1 相加，是不一样的；而且收缩与旋转不同，没有例外情况。

因此可以得出一个有趣的结论。尽管我们一开始给了自己完全的自由，但我们发现，由于无法区分粒子，实际上只有两种方法可以把钟组合起来：可以把它们直接相加，或者把其中一块钟旋转 180 度再相加。真正令人高兴的是，大自然利用了这两种可能性。

对于电子，在把钟相加之前，必须额外加入半圈旋转。对于像光子或希格斯玻色子这样的粒子，相加之前无需旋转。因此，大自然中的粒子分成两类：需要旋转的叫作费米子[i]（fermion），无需的叫作玻色子[ii]（boson）。什么决定了一个特定的粒子是费米子还是玻色子？是自旋。

顾名思义，自旋是粒子角动量[iii]的一种体现；事实上，费米子的自旋总是等于某个半整数[iv]，而玻色子的自旋总是整数。我们说电子具有自旋 1/2，光子具有自旋 1，而希格斯玻色子具有自旋 0。在本书中，笔者一直避免深入处理自旋，因为它在多数情况下都是技术细节。然而，在讨论元素周期表时，我们的确需要一个结果，即电子有两种类型，对应于其角动量的两种可能（自旋向上和自旋向下）。这是一个符合一般规律的例子，即自旋 s 的粒子通常有 2s+1 种；例如，自旋 1/2 的粒子（如电子）有 2 种类型，自旋 1 的粒子有 3 种，而自旋 0 的粒子有 1 种。粒子的内禀角动量与钟组合方式之间的关系，被称为自旋 - 统计定理（spin—statistics theorem）；要使量子理论的形式和爱因斯坦的狭义相对论相容，它就会出现。更具体地说，自旋 - 统计定理是确保不违反因果律[v]的直接结果。不幸的是，自旋 - 统计定理的推导超出了本书水平——实际上，它超出了很多书的水平。在《费

---

i fermion，名称来自恩里科 · 费米（Enrico Fermi），1901 年生于意大利罗马，1954 年卒于美国伊利诺伊州芝加哥，意大利裔意大利籍美籍物理学家。

ii boson，名称来自萨特延德拉 · 纳特 · 玻色（在英文中转写为 Satyendra Nath Bose），1894 年生于现在西孟加拉邦的加尔各答，1974 年卒于同一城市，印度理论和数学物理学家。

iii 更准确地说，应该是与空间运动无关的内禀角动量，和与空间运动相关的轨道角动量相区分。

iv 以普朗克常数除以 2π 为单位。（原书注）

v 更准确地说，是微观因果律；用数学公式表达，它只是一个简短的等式。

曼物理学讲义》[i]中，理查德·费曼是这样说的：

> 很抱歉，对于这个问题我们不能给出一个简单的解释，泡利曾以量子场论和相对论的复杂论证作出过一个解释；他指出，量子场论和相对论必须一起应用。但我们无法在初等的水平上找到一种方法来重复他的论证。看来这是物理学中不多的情形之一，它们之中有能表述得非常简明的规则，但是没人能找到简单而又容易的解释。

考虑到理查德·费曼是在一本教科书上写下此语，笔者必须举手赞同。但是，这条规律很简单，而你必须相信，它是可以被证明的：对于费米子，必须旋转半圈，而对于玻色子，无需旋转。可以证明，旋转就是不相容原理的原因，因此也是原子结构之所以如此的原因；并且，经过我们的艰苦努力，现在它也能被解释得很简单。

想象将图7.3中A点和B点越移越近。当它们非常靠近时，钟1和钟2的大小一定很接近，指示的时间也差不多。当A和B完全重合时，两块钟必须完全一样。这应该显而易见，因为钟1对应粒子1运动到A点，而由于A和B重合，钟2在这种特殊情形中代表完全一样的东西。尽管如此，我们仍有两块钟，必须把它们加起来。但这里有一个问题：对于费米子，必须先将其中

---

i　原书第4—1节末尾，译文参考了潘笃武、李洪芳的中译本，上海科学技术出版社。

一块钟转过 180 度。这意味着，当 A 和 B 在相同位置时，钟的读数总是完全“相反”——如果一块钟是 12 点，则另一块钟是 6 点——因此把它们加起来，总会得到一块大小为零的钟。这是个迷人的结果，因为它意味着在相同位置找到这两个电子的机会永远是零：量子物理学定律使它们彼此避开。它们愈接近对方，产生的钟就愈小，这种接近就愈不可能发生。这就是著名的泡利不相容原理的一种表述方式：电子会互相避开。

我们最早的出发点是想要展示，氢原子中没有两个相同的电子可以处于同一能级。我们还没有完全证明这一点，但电子会互相避开的概念显然对原子以及我们为何不会落入地面有所影响。现在我们知道了，我们鞋的原子包含的电子与地面的电子不仅是由于同性电荷相斥而相互推开；根据泡利不相容原理，它们也因自然的互相避开而排斥。原来，正如戴森和莱纳德所证明的那样，是电子的避让使我们真正免于落入地面，并迫使电子占据原子内部的不同能级，使原子具有结构，最终产生了我们在大自然中看到的各种化学元素。这显然是对日常生活具有非常重大影响的物理现象。在本书的最后一章中，笔者将展示，泡利原理在对于避免一些恒星在其自身引力作用下坍缩也起到了何种至关重要的作用。

最后，我们要解释一下：如果没有两个电子可以在同一时刻位于同一地点，则原子中也没有两个电子可以有相同的量子数；也就是说，它们不可能具有相同的能量和自旋。如果考虑两个自旋相同的电子，则我们希望证明，它们不能处于相同的能级。如果它们真的处于相同的能级，则每个电子必定被描述为分布在空间中完全相同的钟的阵列（对应于相关的驻波）。对于空间中的每一对位置——标记为X和Y——则有两块钟。钟1对应于“电子1在X”和“电子2在Y”，而钟2对应“电子1在Y”和“电子2在X”。从之前的考量中我们知道，这些钟应该在将其中一块旋转6小时后再相加，只有这样才能得出，在X处找到一个电子而在Y处找到第二个的概率。但如果两个电子能量相同，则钟1和钟2在关键的额外旋转之前必定完全相同。在旋转之后，它们的读数会“相反”，且和先前的例子一样，加起来得到没有大小的钟。任何位置的X和Y都会这样，因此找到一对驻波构型相同从而能量也相同的电子，概率完全是零。归根结底，这就是你体内原子稳定性的由来。

第八章　彼此联结

至此，我们主要用量子物理学考察了孤立的粒子和原子。我们已经了解到，电子以确定的能量状态（即定态）位于原子内部，尽管原子可能处于不同状态的叠加。我们还了解到，电子可以从一个能态跃迁到另一个能态，并同时发射出一个光子。这种光子发射使我们能探测到原子能态；原子跃迁的特征色彩随处可见。然而，我们的物理经验中并没有孤立的原子，而是巨量原子结成的块。就算只出于这个原因，现在也应当开始考虑原子聚在一起会怎么样。

对原子团的深入思考，将带领我们走向化学键，导体和绝缘体的差异，并最终来到半导体。这些有趣材料具有必要的特性，可被用于制造能进行基本逻辑运算的微小器件，它们被称为晶体管。通过将数百万个晶体管连接起来，我们可以制造微芯片。我们将看到，晶体管的理论深植于量子物理学。很难想象如果没有量子理论，晶体管会如何被发明和利用，而没有它们的现代世界也是难以想象的。晶体管是科学中妙手偶得的绝佳范例。在好奇心的带领下，我们花费了那么多时间去探索大自然，得以描述其所有反直觉的细节，最终引向了一场针对日常生活的革命。晶体管的发明者之一、美国贝尔电话实验室[i]固体物理研究组组长威廉·布·肖克利[ii]（William B. Shockley）曾经很好地概括了试图对科学研究进行分类和控制的危险性[iii]：

> 我想对一些常用于对物理学研究进行分类的词汇发表一些观点，例如纯粹、应用、不受限、基本、基础、学术、工业、实用等。在我看来，这些词中的一部分常用作贬义，一方面是贬低了产生有用之物的实际目标，另一方面只因无法事先预见这些探索能否带来有用成果，就淡化了探索新领域所带来的潜在长期价值。经常有人问我，我所计划的实验是纯粹还是应用研究；对我而言更重要的是，知道这项实验是否会产生关于自然的新知，并可能是不朽真知。如果有可能产生这样的知识，在我看来，这就是好的基础研究；而这一点，比起动机究竟是实验工作者纯粹的审美满足还是提高大功率晶体管的稳定性要重要得多。这两种类型的动机都能赋予人类最大的福祉。

既然这句话来自发明了或许是自车轮以来最有用设备的人，

---

i 至1984年称为Bell Telephone Laboratories；2007年以后称为诺基亚贝尔实验室，由加拿大发明家和企业家亚历山大·格拉汉姆·贝尔（Alexander Graham Bell）创建；他于1847年生于英国爱丁堡，1922年卒于今天的加拿大诺省美山庄园。

ii 威廉·布·肖克利，1910年生于英国伦敦，1989年卒于美国加州斯坦福，美国物理学家和发明家。

iii 这是他1956年诺贝尔奖获奖演说的摘录。（原书注）

那么全世界的决策者和管理者就应该注意到它。量子理论改变了世界，而当今的尖端物理学研究中无论出现了什么新理论，都几乎肯定会再次改变我们的生活。

一如既往，我们将从头开始，把只研究包含一个粒子的宇宙，扩展到包含两个粒子的宇宙。想象一个特别简单的宇宙，只包含两个孤立氢原子；两个电子分别束缚在绕两个质子的轨道上，相距遥远。在几页以后，我们会开始把这两个原子拉近，看看会发生什么；但现在，我们要假设它们相距遥远。

泡利不相容原理说，因为电子是不可分的费米子，两个电子不可能处于相同的量子态。你可能会说，如果原子相距甚远，则两个电子一定处于不同的量子态，这个问题没什么好说的。但事情比这有意思得太多。试想将 1 号电子放入 1 号原子中，2 号电子放入 2 号原子中。等待一会儿后，再说“1 号电子仍然在 1 号原子中”就没有意义了。它现在可能在 2 号原子中，因为电子总有机会做量子跳跃。前面说过，只要可能都会发生，而电子从一个时刻到下一个时刻是自由漫游在宇宙中的。用小钟的语言说，即使开始时，用钟群描述的是位于一个质子附近的一个电子，我们也会在下一个时刻被迫引入位于另一个质子附近的钟。即使另一个质子周围的钟非常小，都受“量子干涉的狂欢”的影响了，它们的大小也不为零，电子总有有限的概率处于那里。想要更清楚地思考不相容原理的含义，就不能再从两个孤立原子的角度去思考，而是把系统作为一个整体：我们有两个质子和两个电子，任务是了解它们如何自我管理。为了简化，我们忽略两个电子间的电磁相互作用。如果质子相距甚远，这个省略也不会对我们的论证产生任何重大影响。

对于两个原子中电子的允许能量，我们知道什么呢？我们运用已经知道的东西，无需计算就能略知一二。对于相距甚远的质子（想象它们相距数英里），电子的最低允许能量必须对应于它们分别被质子束缚后所形成的两个孤立氢原子的情形。在这种情况下，我们可能希望得出结论：拥有两质子、两电子的整个系统的最低能态，对应于两个完全无视彼此且处于最低能态的氢原子。尽管这听起来没错，但它不可能正确。我们必须将系统看作一个整体，就和一个孤立的氢原子一样，这个四粒子系统必须有其独特的电子能谱。且根据泡利原理，两个电子不能在质子周围处于相同能级，安逸地对对方的存在一无所知[i]。

看来，我们必须得出结论：两个遥远的氢原子中的一对全同电子，不可能具有相同的能量；但我们也说过，希望电子处于最低能级以对应理想化的、完全孤立的氢原子的情形。两件事情不可能同时为真。而稍加思考就会发现，这个问题的解决办法是，对应于理想化的孤立氢原子的每个能级，我们的四粒子系统有两个能级，而非一个。这样，就可以容纳两个电子，而不违反不相容原理。对于相距甚远的两个原子，能级的差异必须很小，这样就能假装原子相忘于江湖。但实际上它们无法相忘，因为泡利原理让它们藕断丝连：如果其中一个电子处于一个能态，则另一个电子必须处于另一个不同的能态；无论相距多远，两个原子间的这种亲密联结都会持续存在。

这个逻辑可以推广到两个以上的原子：如果有 24 个氢原子

---

i 出于这次讨论的目的，我们忽略了电子的自旋。如果想象两个电子的自旋相同，则我们所说的仍然适用。（原书注）

散布在宇宙中，则对于每个单原子宇宙中的能态，现在都有 24 个能态，它们的值几乎相同，但又不完全一样。当其中一个电子填入一个特定的能态时，它的确完全“了解”其他 23 个电子的态，而不管它们间距多远。因此，宇宙中的每个电子，都知道每个其他电子的能态。我们进一步推论可知——质子和中子也是费米子，所以每个质子都知道其他所有的质子，而每个中子也知道其他所有的中子。组成我们宇宙的粒子之间有一种亲密关系，贯穿整个宇宙。在某种意义上，对于相距甚远的粒子，亲密关系只是短暂的，不同的能量之间其实非常接近，以至于对我们的日常生活几乎没有可辨的差别。

这是本书中我们目前为止被引至的最奇怪的结论之一。说宇宙中每个原子都与其他所有原子联结，可能看似钻开了小孔，各种荒唐之言都可以渗过。但对我们来说，这里没有什么是之前未曾遇到的。想想我们在第六章考虑过的方阱势。阱的宽度决定了允许的能级；而随着阱的大小变化，能谱也会变化。这里也是一样的：电子们所处的势阱的形状，同时也包括它们允许的能级，由质子的位置决定。如果有两个质子，能谱就由它们的位置共同决定。而假设有 10^{80} 个质子组成一个宇宙，则每一个质子的位置都会影响到 10^{80} 个电子所坐落的势阱的形状。自始至终只有一组能级，当发生任何改变（例如，一个电子从一个能级变到另一个能级），那么其他的一切必须瞬间调整自己，使得永远不会出现两个费米子处于同一能级。

电子能瞬间“了解”彼此的观念，听起来很可能违反爱因斯坦的相对论。或许我们可以制造某种信号装置，利用这种瞬间通讯，完成超光速传递信息。1935 年，爱因斯坦及合作者鲍里斯·波多尔斯基[i]（Boris Podolsky）和纳森·罗森[ii]（Nathan Rosen）首次意识到量子理论这个明显矛盾的特征；爱因斯坦称之为“幽灵般的超距作用”，并且他不喜欢它。过了一段时间，人们才意识到，尽管它如幽灵一般，但不可能利用这些长程关联（long—range correlation）超光速传递信息，这意味着因果律可以安然无恙。

这种颓废的多重能级，并非只是为规避不相容原理的限制而采用的玄奥手法。事实是，它并不玄奥，因为这就是化学成键背后的物理原理。这也是解释为何某些材料能导电而其他一些不能的关键；如果没有它，就无法理解晶体管是如何工作的。要开始我们的晶体管之旅，我们要回到第六章中简化版的“原子”；那里我们把电子束缚在一个势阱里。虽然这个简单模型不能让我们计算出氢原子的正确能谱，但它的确教给了我们关于单原子行为的知识，并且在这里也会很好地服务于我们。我们将把两个方势阱放在一起来构造两个相邻氢原子的玩具模型。先想一想，单个电子在两个质子产生的势中运动的情形。图 8.1 中的上方图展示了我们要如何做。除了双势阱之外，势是平的，这模仿了两个质子对电子束缚能力的效果。中央的台阶只要足够高，就有助于将电子束缚在左侧或者右侧。用术语来说，就是电子在双势阱中运动。

我们的第一个挑战是，用这个玩具模型来理解当两个氢原子

---

i 鲍里斯·波多尔斯基，1896 年生于今天俄罗斯罗斯托夫州的塔甘罗格，1966 年卒于美国俄亥俄州辛辛那提，犹太裔美籍物理学家。

ii 纳森·罗森，1909 年生于美国纽约，1995 年卒于以色列海法，犹太裔美籍以色列籍物理学家。

被放到一起时会怎么样——我们将看到，当它们足够接近时，就会结合在一起，形成一个分子。随后我们要考虑多于两个原子的情形，这将使我们能理解固体内部发生的事情。

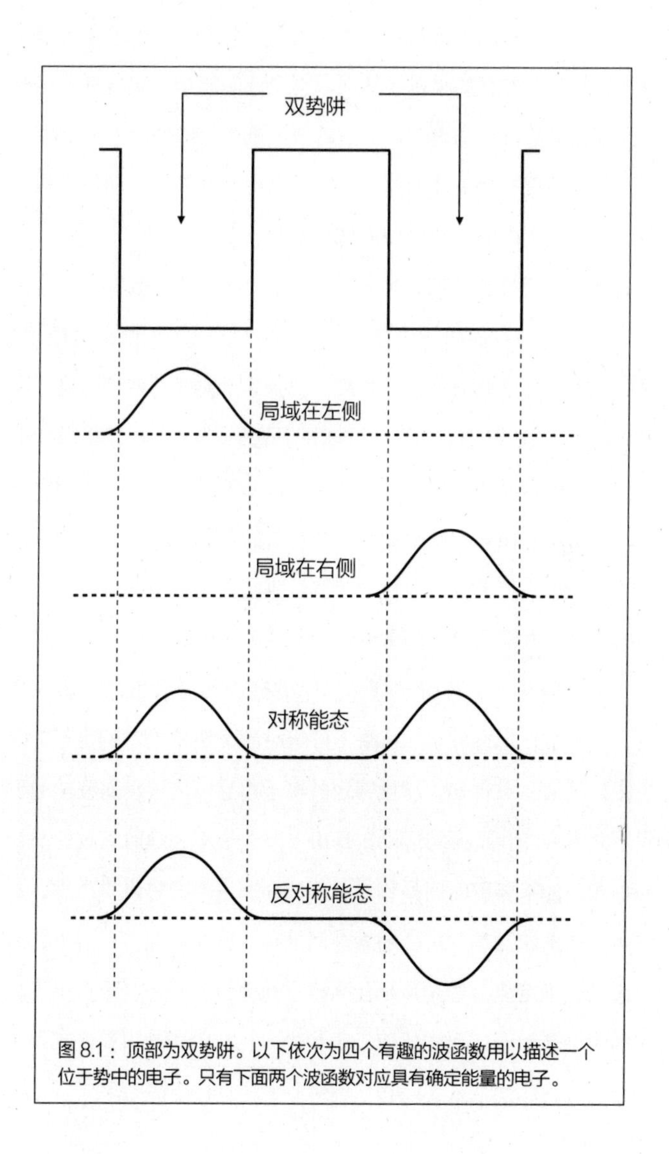

图 8.1：顶部为双势阱。以下依次为四个有趣的波函数用以描述一个位于势中的电子。只有下面两个波函数对应具有确定能量的电子。

如果阱很深，就可以用第六章的结果来确定最低能态所对应的应该是什么。对于单方势阱中的单个电子，最低能态由波长等于盒子两倍大小的正弦函数所描述，倒数第二的能态由波长等于盒子大小的正弦函数所描述，依此类推。如果把一个电子放进双势阱的一侧，并且如果阱足够深，则允许的能量一定接近于这些被束缚在单势阱中的电子，而它的波函数也会因此看起来很像正弦波。我们现在要关注的是，一个完全孤立的氢原子和一对相隔很远的氢原子中的一个之间的微小差异。

可以有把握地预期，图 8.1 中上方的两个波函数对应无论是位于左侧还是右侧阱（记住，“阱”和“原子”可以交替使用）的单个电子。这些波近似正弦波，波长等于阱宽的两倍。由于波函数的形状完全相同，我们可以说，它们对应于具有相同能量的粒子。但这是不正确的；如前所述，无论阱有多深，或间距多大，电子总有微小的概率能从一个势阱跃至另一个。正如我们暗示的，当把正弦波概述成是“渗”过阱壁，在相邻的势阱中有很小的概率能找到大小不为零的钟。

电子能从一个势阱跳到另一个的概率总是有限的，事实说明，图 8.1 上方的两个波函数不可能对应于能量确定的电子；因为我们从第六章得知，能量确定的电子由驻波描述，而驻波的形状不随时间变化；换句话说，是由一些大小不会随时间改变的钟所描述。如果随着时间推移，新的钟在原本空的势阱里产生，则波函数的形状几乎肯定会随着时间推移而改变。那么，对于双势阱来说，确定能量的态该是什么样子的呢？答案是，更有民主精神的量子态得表达出在任何一个势阱内找到电子的可能性都是平等的[i]。只有这样才能形成驻波，阻止波函数从一个势阱到另一个势阱来回搅动。

图 8.1 下方的两个波函数就有这种性质，它们是最低能态实际的样子。这两个是我们唯二能构造出的与每个单独势阱中的“单势阱”波函数相类似的波函数，也描述了在两个势阱中找到概率相同的一个电子。事实上，如果要把两个电子放在两个相距遥远的质子的轨道上，形成两个几乎全同的氢原子，并满足泡利原理，那么按照我们之前的推导，这两个能态就是必然存在的。如果一个电子由这两个波函数之一来描述，则另一个电子须由剩下那个波函数来描述——这就是泡利原理所要求的[ii]。对于足够深的势阱，或者说如果原子间的距离足够远，则这两个态的能量几乎相等，也几乎等于一个粒子束缚在单个孤立势阱中的最低能量。我们不必担心其中一个波函数看上去部分上下颠倒——记住，当确定在某处找到粒子的概率时，只有钟的大小才是重要的[iii]。换句话说，可以把本书中画出的所有波函数都颠倒过来，也完全不改变任何物理内容。因此，“部分倒置”的波函数仍然描述了束缚于左侧和右侧阱中的电子态的等概率叠加。关键之处在于，对称和反对称波函数并不完全相同（它们不可能完全相同，否则泡利就会不高兴了）。要看出这一点，我们需要看看这两个最低能波函数在双势阱之间的行为。

其中一个波函数围绕双势阱呈中心对称，另一个反对称（在图中亦标注如是）。所谓“对称”是说左侧波是右侧波的镜像。

---

i　这里的民主和平等是西方 20 世纪以来的政治理论中的提法。

ii　前面说过，我们考虑两个全同电子，即它们的自旋也相等。（原书注）

iii　倒置部分与正置部分绝对值相等，符号相反。

对于“反对称”的波，左侧波是右侧波镜像的倒置。术语并不太重要；重要的是，两列波在双势阱之间的区域是不一样的。正是这微小的差异，使得它们所描述的态的能量有微小的不同。事实是，对称波是能量较低的波。因此，将其中一半波函数上下颠倒，确实是有关系的；但如果双势阱足够深或者足够远，则关系不大。

考虑具有确定能量的粒子态，确实可能让人困惑，因为如我们所见，这种粒子态由在双势阱中大小相等的波函数所描述。这确实意味着，即使双势阱相隔一整个宇宙，在任何一个势阱中找到电子的概率也是相等的。

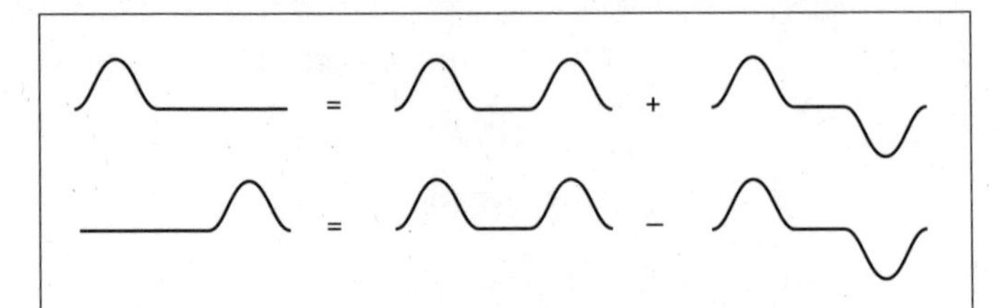

图 8.2：上：一个局域在左阱中的电子，可被理解为两个最低能态之和。下：一个局域在右阱中的电子，可被理解为两个最低能态之差。

如果我们真在一个势阱中放入一个电子，再在另一个势阱中也放一个电子，应该如何描绘这种情形呢？之前说过，我们期望往空阱中充满钟，以表示粒子能跃至另一个势阱的事实。在我们说波函数会来回“搅动”的时候，甚至已经暗示了这个答案。要看出这是如何实现的，我们得注意到，局域在一个质子附近的波函数，可以表示成两个最低能波函数之和。在图 8.2 中画出了这一点，但这是什么意思呢？如果电子在某时刻位于某个势阱中，这就意味着其实它所具有的并非单一的能量。具体来说，对其能量的测量，会等概率的得到两个值之一，分别对应于组成这个波函数的两个确定能量的量子态。因此，电子同时处于两个能态。笔者希望，到了本书的这个阶段，这已经不是新奇的概念。

但有意思之处就在这里。由于这两个态的能量不完全相同，描述它们的钟转动的速率有所不同（如 107 页所讨论）。这带来的影响是，一个起初由局限在一个质子附近的波函数所描述的粒子在足够长时间后，会由在另一个质子周围成峰的波函数描述。笔者不打算讨论细节，但只需用声波来类比就足够了：两列频率几乎相同的声波叠加，在一开始时响亮（两列波同相），一段时间后微弱下来（两列波变成异相）。这种现象被称为“拍”(beat)。随着两列波的频率愈发接近，从响亮到微弱的时间间隔也会增加，直至两列波频率完全相同，它们会合并产生纯音。这个现象对于任何音乐家都会是非常熟悉的；不知不觉地就在他们使用音叉（tuning fork）时运用了这一波动物理学的原理。而位于第二个势阱中的第二个电子也会这样。它从一个势阱迁移到另一个势阱中的迁移方式，几乎跟第一个电子的行为完全相同。尽管开始时可能是一个电子在一个势阱中，而另一个电子在另一个中，只要我们等待足够长的时间，电子们就会交换位置（这种讲法是违反电子的全同性的。由于两个电子不可分辨，无法看出电子是交换了位置，还是各自回到初始状态。但如果只有一个电子，的确会得到其波函数从集中在一个原子附近，演化到集中在另一个原子附近的结果）。

现在我们要来运用刚刚学到的知识。当我们把原子移近的时候，真正有意思的物理现象发生了。在我们的模型中，把原子移到一起，相当于减小分隔双势阱的势垒（barrier）的宽度。随着势垒变窄，波函数开始融合，电子在两个质子间出现的可能性越来越高。图 8.3 描绘了当势垒较窄时最低能的四个波函数。有趣的是，最低能的波函数开始看起来像是我们把单个电子放进单个宽势阱中时最低能的正弦波函数；也就是说，双峰合并，产生一个单峰（中间有一个凹陷）。同时，第二低能的波函数看起来也很像是在单个宽势阱中，对应于次低能的正弦波函数。这应该是

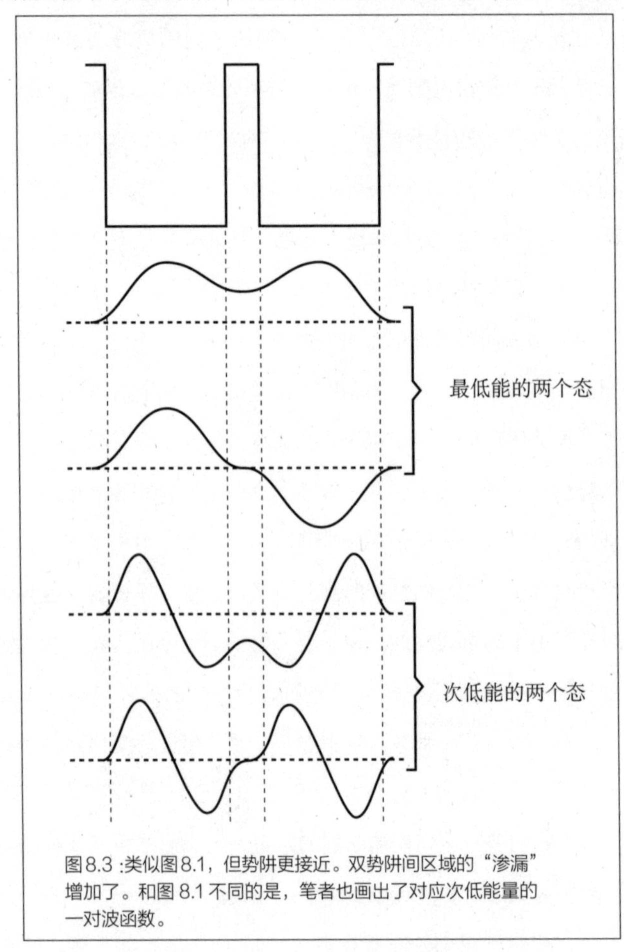

图8.3：类似图8.1，但势阱更接近。双势阱间区域的“渗漏”增加了。和图 8.1 不同的是，笔者也画出了对应次低能量的一对波函数。

可预料的，因为随着势阱间势垒越来越窄，它的效果也越来越小；最后，当它宽度为零时，就不再有效果，而电子也应该如同在单势阱中一样运动。

在看过双势阱之间距离很远和很近的两种极端情况后，我们可以思考，当减小双势阱间距离时，电子允许的能级是如何变化的，以将概念补充完整。在图 8.4 中勾勒出了四个最低能级。四条线中每一条都代表四个最低能级中的一个，而对应的波函数也示意地画在了旁边。图右侧展示了势阱间隔很远时的波函数（另见图 8.1）；如我们所期望的，每个势阱中电子能级之差几乎无法区分。然而，随着势阱彼此靠近，能级开始分离（比较图左侧的波函数与图 8.3 中的波函数）。有意思的是，反对称波函数对应的能级上升，而对称波函数对应的能级下降。

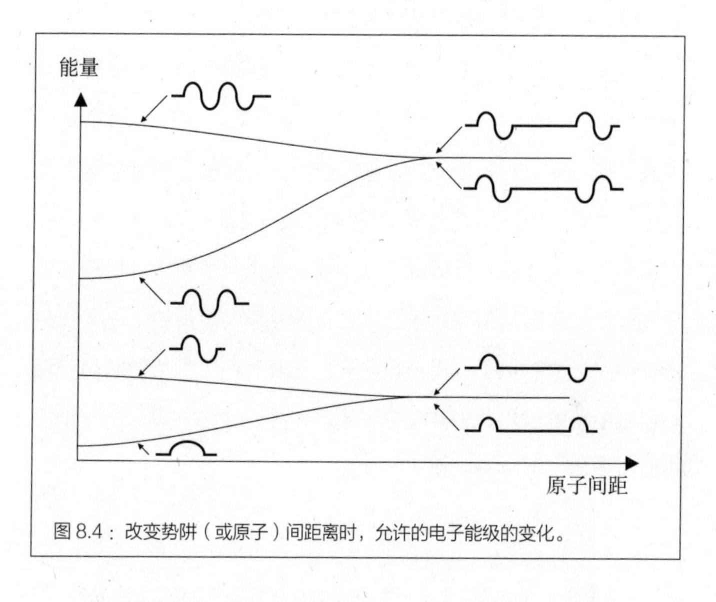

图 8.4：改变势阱（或原子）间距离时，允许的电子能级的变化。

这个结论对于由两个质子和两个电子——即两个氢原子——

组成的真实体系有着深远的影响。要记住，在现实中两个电子因为它们可以具有截然相反的自旋，可以填入同一个能级。这意味着，它们可以都填入最低的（对称）能级；并且关键的是，这个能级随着原子靠近而下降。也就是说，在能量上原本远离的两个原子相互靠近，可以有利于降低体系的总能量。这也是在大自然中实际发生的事情[i]：在对称波函数所描绘的体系中，电子能更平均地分享给两个质子，而在“相距甚远”的波函数所描绘的体系中可能就没有那么平均；而由于这种“分享”构型的能量较低，原子就被拉向对方。这种吸引效应最终会消失，因为两个带正电荷的质子会相互排斥（由于电子带相同的电荷，它们也会相互排斥），但这种排斥只有在距离小于约 0.1 纳米（室温下）时才能战胜原子间的吸引效应。结果就是，一对静止的氢原子最终会抱在一起。这对抱在一起的氢原子被称作氢分子。

这种两个原子由于分享电子而粘在一起的倾向被称为共价键（covalent bond）。回顾图 8.3 中顶部的波函数，大致就是氢分子中共价键的样子。要记住，波高度的平方，对应于电子在那里被找到的概率[ii]。每个势阱也就是每个质子上方都有一个峰，告诉我们每个电子仍然最有可能位于这个或者某个质子附近。但是，电子也有很大机会逗留在质子之间。正如化学学者所说，原子在共价键中“分享”电子，而这也是我们在具有两个方势阱的简单玩具模型中所看到的。撇开氢分子不说，我们在 127 页讨论化学反应时也引用了原子分享电子的倾向。

---

i 只要质子的相对运动不太快。（原书注）

ii 这对驻波成立；这种情况下，钟的大小和指针在 12 点方向的投影成正比。（原书注）

这是一个令人非常满意的结论。我们已经了解到，对于相距甚远的氢原子，两个最低能级之间的差异只有学术意义，尽管它的确引导我们做出结论：宇宙中的每个电子都知道其他电子的存在，这当然引人入胜。另一方面，随着质子靠向彼此两个能级逐渐分开，而更低的能级对应的态最终成为描述氢分子的态，这就远不是只有学术意义了，正因为共价键的存在，我们才没有待在一堆由四处乱窜的原子所组成的无特征的泡泡中。

现在我们可以沿着这条思路往下走，开始思考当把两个以上的原子放在一起时会怎么样。我们从考虑三势阱开始，如图 8.5 所示。一如既往，我们要想象每个阱都位于一个原子处。应

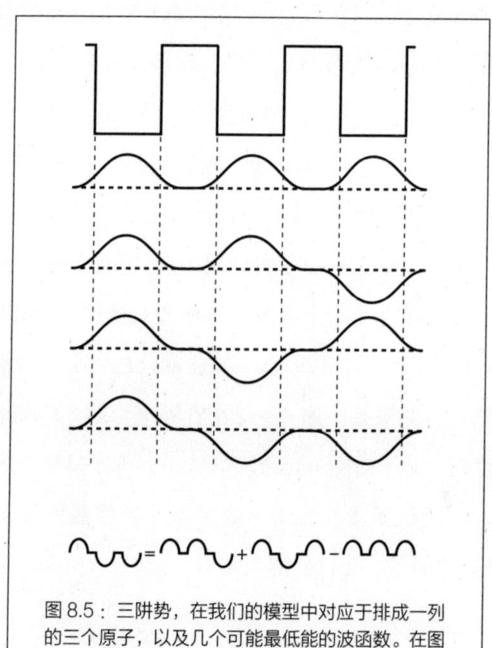

图 8.5：三阱势，在我们的模型中对应于排成一列的三个原子，以及几个可能最低能的波函数。在图的底部，我们展示了第四个波函数可以由其他三个组合得到。

该有三个最低能态；但是看着这张图，你或许会忍不住想，现在单势阱中的每个能态都有四个能态。我们心中的四个能态也被画在了图中，他们对应于围绕双势阱的中心势垒呈对称或是反对称的四个波函数[i]。这个计数一定不对，因为如果它是对的，则可以将四个全同费米子填入这四个态中，就会违反泡利原理了。遵守泡利原理，我们只需要三个能级，而这当然就是真实情况。要看清这一点，只需注意到，可以把四个波函数的任何一个写成其他三个波函数的组合。图的最下方我们已经展示说明了在这一个特殊情形中是如何通过其他三个的加减组合得到最后一个波函数。

在确定了三势阱中粒子的三个最低能态后，我们可以问，图8.4在这种情形中会是什么样子；不出意外结果应该很相似，只是原来的一对可取能态变成了三重（triplet）可取态。

三个原子已经说够了，现在我们要把注意力迅速转移到一条多原子链上。这会特别有趣，因为它包含了一些关键的想法，能让我们解释很多固体物质内部发生的事情。如果有 N 势阱（作为含 N 个原子的原子链的模型），则对于单势阱中的每个能级，现在都会有 N 个能级。如果 N 是像 10^{23} 这样的数字，那分裂数目就惊人了，然而这个数通常只是一小块固体材料中的原子数目。结果是，图 8.4 现在看起来像图 8.6 那样。纵向的虚线表明，对于间隔一定距离的原子，电子只能有确定的允许能量。这应该不令人惊讶（如果不然，你最好从头重读本书），但有趣的是，允许的能量是以“能带”（band）的形式出

---

i　你会认为有四个波函数，是对应于已绘出波函数的上下倒置；但如前所述，它们与已经画出的是等价的。（原书注）

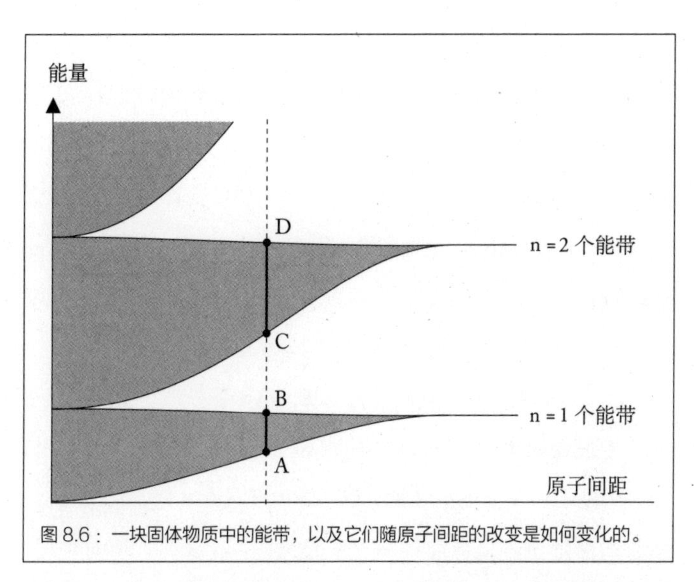

图 8.6：一块固体物质中的能带，以及它们随原子间距的改变是如何变化的。

现的。从 A 到 B 的能量都被允许，但直到 C 以前的其他能量都不行，而 C 到 D 的能量是允许的，依此类推。原子链上有很多原子，这个事实意味着，每个能带中被塞入了非常多允许的能量。数量之多，以至于对于典型的固体来说，我们就可以假设，允许的能量形成了平滑的连续体。我们玩具模型中的这个特征，在真实的固体物质中得以保留；在那里，电子的能量真的被排列成这样的能带，而这对我们讨论的固体的类型有着重要的影响。特别是，这些能带解释了为何有些材料（金属）导电，而其他一些（绝缘体）不导电。

怎么会这样呢？让我们首先考虑一个原子链（和以前一样，以一个势阱链作为模型），但现在假设每个原子都有好几个束缚电子。当然，这才是常态——只有氢原子的单个质子周围才只束缚一个电子——因此，我们从讨论氢原子链，转入讨论更有意思的重原子链。还要记住，电子有两种类型：自旋向上和自旋向下。

而泡利原理告诉我们，在同一个允许的能级上，不能放超过两个电子。因此，对于只含一个电子的原子（即氢原子）组成的原子链，n=1 能带是半满的。图 8.7 展示了由 5 个原子组成的原子链的能级。这意味着，每个能带含有 5 个不同的允许能量。这 5 个能级最多可以容纳 10 个电子，但我们只须考虑 5 个电子，因此在最低能构型中，原子链所含的 5 个电子占据了 n=1 能带的下半部分。如果能带中有 100 个原子，则 n=1 能带中可以包含 200 个电子；但对于氢原子，我们只有 100 个电子要处理，所以在原子链处于最低能量构型中，n=1 能带还是半满。图 8.7 还展示出，当每个原子含 2 个电子（氦）或 3 个电子（锂）时，会怎么样。在氦的情形中，最低能构型对应充满的 n=1 能带，而对于锂，n=1 能带充满，而 n=2 能带半满[i]。显然这种充满或半满的模式会

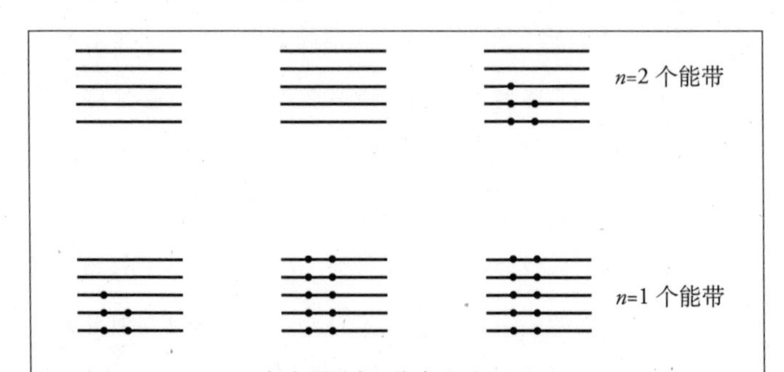

图 8.7：在 5 个原子链中，当每个原子含一个、两个或三个电子时，电子占据最低能态的方式。黑点表示电子。

---

i　这里原文有歧义。对于三维空间中的锂原子组成的原子链，n=2 能带可以有 l=0 和 l= ±1 三种情形；只有 l=0 的能带是半满的（称为 2s 能带），其他两种情形对应的能带都是空的。但是如果考虑一维中的势阱链模型，则只有 n 这一个量子数，没有 l 等，因此原文表述也可以接受。

持续下去，使得偶数个电子的原子总是形成充满的能带，而奇数个电子的原子总是形成半满的能带。我们很快就会发现，能带充满与否，正是有些材料是导体，而另一些是绝缘体的原因。

我们现在来想象一下，将原子链的两端连到电池的电极上。根据经验，如果原子形成金属，则会产生电流（electric current）。但是这到底是什么意思，跟我们讲过的故事又有什么关系呢？幸运的是，我们并不需要精确了解电池对导线中的原子产生了何种作用。只需要知道，连接后电池提供了一个能量源，可以稍微推动电子，并且总是向着相同方向推动。值得注意的问题是，电池究竟是如何做到这一点的，简单地说“这是因为它在导线内诱导了一个电场，电场则推动了电子”，这答案并不能完全令人满意；但就本书而言，这个答案已经足够。虽然我们可以求助于量子电动力学的定律，试图从电子与光子发生相互作用的角度来解决整件事。但这么做完全不会给这里的讨论增添任何东西，所以简洁起见，我们暂且搁置这个问题。

想象一个电子位于其中一个能量确定的量子态。我们首先假设，电池的作用只能非常微弱地推动电子。如果电子处于一个低能量子态，而有很多其他电子在能量梯（这么说是形象地描述图8.7）中比它高的地方，这个电子就接收不到电池所给予的推动能量。因为上方的能级已经被填满了，它被挡住了。打个比方，电池或许能把电子踢高几个踏板，但如果所有能到达的踏板都已经被占用了，目标电子就必须放弃吸收能量的机会，因为它无处可去。要记住，如果位置都被占用了，不相容原理就会阻止它和其他电子待在一起。这个电子会被迫表现得像根本没有连接电池一样。对于那些具有最高能量的电子，情况就不太一样。它们位于接近堆顶的位置，有可能吸收电池的微弱推动而进入更高的能级——但前提是它们没有位于满能带的顶部。参考图 8.7，我们看出，如果原子链中的原子含有奇数个电子，则最高能的电子就可以从电池中吸收能量。如果原子有偶数个电子，则能级最高的电子还是无处可去，因为在能量梯上有一个巨大的间隙；只有给电子足够有力的推动才能越过它。

这意味着，如果一块特定固体中的原子含有偶数个电子，这些电子在连上电池后，很可能也表现得像从未连接过电池一样。电流根本无法形成，因为电子没有办法吸收能量。这就是对绝缘体的描述。跳出这个结论的唯一方法是，满能带最高的顶部和下一个空能带底部之间的能隙足够小；我们很快就会对此作出说明。相反，如果原子中有奇数个电子，则顶部的电子总可以自由地吸收电池的推动。它们就会跃上更高的能级；并且由于推动的方向总是相同，净效应是诱导出迁移电子的流，也就是电流。因此我们可以得出结论：如果固体由含奇数个电子的原子组成，则它们注定是电导体。

可喜的是，现实世界并不这么简单。碳原子含有六个电子；作为一种完全由它构成的晶体，钻石（diamond）是一种绝缘体。而另一方面，同样由纯碳构成的石墨（graphite）则是一种导体。事实上，奇 / 偶电子法则在实际中几乎不能用，但这是由于我们对固体建立的“直线势阱”模型太过简陋。这个模型还是有完全正确的部分：电导体的特点是，最高能的电子有足够的空间，能跃至更高能级；而绝缘体之所以绝缘，是因为它们最高能的电子由于能量梯上的能隙被挡住而无法到达更高的能级。

这个故事还有一个转折，它对于下一章解释半导体中电流的形成比较重要。我们来想象一个电子，能在完美晶体的未满能带中自由游荡。提到晶体的意思是，化学键（可能是共价键）的作用使得原子有规律地排列。在我们的一维固体模型中，如果所有势阱等距且等大小，就相当于晶体。如果连上电池，一个电子就会随着施加电场的轻推而欢快地从一个能级跳到下一个。结果随着电子吸收的能量愈来愈多，运动速度愈来愈快，电流也会稳步增大。对于任何了解电学的人来说，这听起来应该很古怪，因为没有提到“欧姆定律”[i]；欧姆定律指出电流（I）应由施加的电压（V）通过 V=I × R 决定，其中 R 表示导线的电阻。欧姆定律的出现，是因为电子跃上能量梯时，它们也可以损失能量并再次跌落；这只会在原子晶格不完美时才会发生，要么是因为晶格中有杂质（即和大多数不同的离群原子），或者原子显著地晃动，这在任何非零[ii]温度下都不可避免地会发生。因此，电子在爬上能量梯的过程中，大部分时间是在下一盘微观的蛇梯棋[iii]；由于与不完美的原子晶格相互作用，它会再次掉下来。一般效果是，产生一个“典型”的电子能量，导致一个固定的电流。这个典型的电子能量，决定了电子在导线上流动的速度，这就是我们所说的电流。导线的电阻可以看成是衡量电子通过的原子晶格的不完美程度。

但欧姆定律并不是前面说的转折。即使没有它，电流也不会

---

i　来自格奥尔格 · 欧姆（Georg Ohm），1789 年生于今天德国的巴伐利亚州埃尔朗根，1854 年卒于今天的巴伐利亚州慕尼黑，德国物理学家。

ii　指绝对温标，等于摄氏 −273.15 度；不存在比这更低的热力学温度。

iii　snakes and ladders，一种源自古印度的图版游戏；玩家在方格棋盘上轮流掷骰子移动到相邻格子，若抵达有蛇或梯的格子，就会移动到相连的其他格。

一直增加。当电子到达能带顶部时，它们的行为的确非常奇怪，而这种行为的净效应是减小电流，并最终反转它的流向。这非常奇怪：即使电场向一个方向推动电子，当后者接近能带顶部时，也还是会沿着相反的方向运动。对于这种怪异效应的解释超出了本书的范围，所以我们只简单说，带正电荷的原子核是关键；它们的作用是推动电子，使其反向运动。

现在我们终于要探讨预告中的问题，当一种可能的绝缘体，由于最高的满能带和最低的空能带之间的能隙“足够小”，而表现得类似导体，这时会发生什么？到了这个阶段，值得介绍一些术语。最高（能量）的充满电子的能带，称为“价带”，而在这之上（要么为空，要么为半满）的能带称为“导带”。如果价带和导带重叠（实际上有时确会如此）则根本没有能隙，而可能的绝缘体就会成为导体。如果有能隙但“足够小”，会怎么样？我们已经指出，电子可以从电池中接受能量；因此可以假设，如果电池很强劲，就能提供一次足够有力的推动，将一个靠近价带顶部的电子投射至导带。这是有可能的，但我们的兴趣并不在此，因为常见的电池并不能产生足够有力的推动。如果用一些数字来说明，通常电场在固体内部是几伏特[i]每米的数量级；而我们需要几伏特每纳米的电场（即比通常的情况强十亿倍），才能提供足够的推力，使电子获得从价带跃升至导带所需的电子伏特[ii]级

---

i volt，电压单位，得名自亚历山德罗·伏特（Alessandro Volta），1745 年生于现在的意大利伦巴底大区科莫，1827 年卒于同地，意大利物理学家。

ii 在讨论原子中的电子时，电子伏特是非常方便的单位；它也广泛用于核物理和粒子物理。它是一个电子在被 1 伏特电势差加速的过程中所获得的能量。这个定义并不重要，重要的是，它是一种量化能量的办法。要感受其大小，可以考虑一个处于基态的氢原子：要从它那里完全释放一个电子，需要 13.6 电子伏特。（原书注）

的能量。更有趣的情形是，电子可以从组成固体的原子中获得推动。这些原子并不是僵直地待在相同位置，而是略微四处抖动；固体愈热，抖动愈强，而抖动的原子能够传递给电子的能量比常用的电池要多太多，足以使电子的能量提升几电子伏特。在室温下，电子实际很少会受到那么大的冲击，因为在 20°C时，典型的热能约为 1/40 电子伏特。但这只是个平均值，固体中有极大数量的原子，所以这种冲击偶尔也确实会发生。当冲击发生时，电子可以从其价带牢狱中跃至导带，在那里它们有可能吸收来自电池的微弱推动从而引起电流。

在室温下，如果材料中能有足够数目的电子以这种方式从价带提升到导带，材料就会得到特殊的名称，叫作半导体。在室温下，它们可以承载电流；但当冷却以后，它们中的原子抖动减弱，导电能力消失，因此变回绝缘体。硅和锗是半导体材料的两个经典例子；由于其双重性，可以发挥出很大的作用。的确，要说半导体材料的技术应用彻底改变了世界，一点也不夸张。

第九章　现代世界

1947年，人们造出了世界上第一个晶体管[i]。直至今天，厂商每年制造超过 10 000 000 000 000 000 000 个晶体管，这相当于全球 70 亿人每年消耗米粒总量的 100 多倍。1953 年，世界上第一台晶体管计算器诞生于曼彻斯特，含有 92 个晶体管。今天，用一粒米的价钱就能买到超过 10 万个晶体管，而你的手机中则有约 10 亿个。在本章中，我们会描述晶体管如何工作，这也是量子理论最重要的应用。

上一章中我们看到，导体之所以为导体，是因为一部分电子位于导带。因此，它们有一定的迁移能力，当连上电池时，可以在导线上“流下”。把它们比作流水是十分恰当的；电池让电流流动起来。我们甚至可以用“电势”的概念来理解这种观念，因为电池产生电势，一种传导电子的运动；从某种意义上来说，电势造就了“下坡”之势。因此，电子在材料的导带中沿着电池产生的电势“滚”下，在此过程中获得能量。这就是我们在上一章

i　本章所讲的晶体管全称双极性晶体管，俗称三极管；另一类晶体管名为场效应管。

中谈到的微小推动的另一种思考方法：除了说电池引入的微小推力使电子加速，也可以引用一个经典的比喻——如水之就下。这对于电子传导电力是一种很好的思考方式，也是我们在本章余下部分要使用的思考方法。

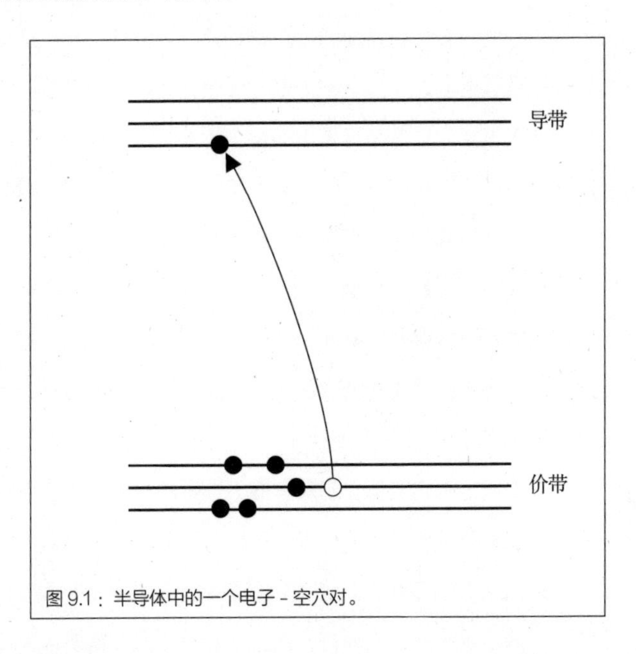

图 9.1：半导体中的一个电子 - 空穴对。

在像硅这样的半导体材料中，会发生一些非常有趣的事情，因为电流不仅由导带中的电子承载，价带中的电子也会对电流有所贡献。要了解这一点，请看图 9.1。箭头显示的是一个原本位于价带中的惰性电子，吸收能量后升入导带。当然，升入导带后的电子更容易迁移了，同时也有其他东西可以开始迁移了：价带中现在留下了一个空穴（hole，又称电洞），而它为原本惰性的价带电子提供了一些回旋余地。我们已经知道，将电池与这块半导体相连会使得导带电子能量跃升，产生电流。而空穴会怎么样呢？电池所产生的电场会使价带中某个低能量的电子跃入空穴。这个空穴被填满了，但现在价带“更深”的地方又有了一个空穴。当价带电子纷纷跃入空穴时，空穴就会四处移动。

与其劳神记录几乎全满的价带中所有电子的运动，我们不如选择记下空穴的位置，而忘掉电子。这种追求便利的记账法是半导体物理从业者的常态，以这种方法思考也会让事情更简单。

施加一个电场，会诱导导带中的电子流动，产生电流。你应该想要知道，电场对价带空穴有什么作用。我们已经知道，因为几乎完全被泡利原理束缚住了，所以价带电子不能自由移动；但在电场的作用下，它们可以挪动，而空穴也随之运动。当价带电子向左挪动时，空穴会向左挪动，这听起来可能违反直觉，如果很难理解，或许下面的比喻会有帮助。想象一群人两两间隔 1 米排成一队，只是在队伍中某处少了一个人。将这些人比喻成电子，而少的人就是空穴。现在想象所有人向前跨出 1 米，这样就来到了之前在他们前面的人的位置。很明显，队中空位也向前跳动了 1 米，而空穴也是如此。还可以想象成水通过水管的情形：水中的小气泡沿着水流方向前进，而“缺的一滴水”就类似于价带上的空穴。

除此以外，仍有一个重要的附加问题；现在需要引入上一章结尾处“转折”中引入的物理内容。如果你还记得，我们曾经说过，在电场的作用下，满带顶部附近运动的电子，与能带底部附近电子的加速方向相反。这意味着，价带顶部附近的空穴，与导带底部附近的电子运动方向相反。

最起码我们可以想象出一个方向的电子流和反方向上相应的空穴流。可以认为空穴是携带和电子完全等值反向的电荷。

要看出这一点，可以回顾前面说的，从整体来看电子和空穴所流过的材料是电中性的。在任何普通区域都没有净电荷，因为电子电荷与原子核携带的正电荷抵消。但如果我们通过将一个电子从价带激发到导带（正如我们已经讨论过的内容），来制造一个电子-空穴对，则将有一个自由电子四处游荡，构成材料中这个区域内的过剩负电荷。同样地，没有电子的空穴是一个正电荷过剩的区域。而电流被定义为正电荷的流速[i]，因此如果电子和空穴的流向相同，则前者贡献负流，而后者贡献正流，相互抵消。如果和半导体的情形一样，电子和空穴流向相反方向，则两者相加，产生更大的电荷流动，或更大的电流。

虽然这一切有点错综复杂，但净效应却很直截了当：我们要把通过半导体材料的电流想象成代表了电荷的流动；而这种流动可以由向一个方向运动的导带电子与反方向运动的价带空穴组成。这与导体中的电流组成方式不同；在那里，电流由大量电子在导带中的流动所主导，而由电子一空穴对所产生的额外电流可以忽略不计。

要了解半导体材料的用途就需要理解，半导体中的电流并不像在导体中那样由电子不受控地涌下导线形成。相反，它是电子流和空穴流的精巧组合；只要稍为巧妙地设计就能利用这种精巧组合制造出可以精确控制电流通过电路的微小器件。

下面是一个应用物理学和工程学中鼓舞人心的例子。这

---

i 虽然这个定义已经是约定俗成的，我们同样可以将导带电子的运动方向定义为电流方向。

个想法是，故意污染一块纯硅或纯锗，从而为电子引入一些新的能级。这些新的能级让我们能控制电子和空穴在半导体中流动，就像使用阀门控制管道网络中的水流一样。当然，任何人都可以控制电力在导线中的流动——只要拔出插头就好。但这不是笔者要讨论的；要讨论的是，制作微型开关使电路中的电流能受到精确的控制。微型开关是逻辑门的构件，而逻辑门是微处理器的构件。那么，这一切是如何实现的呢？

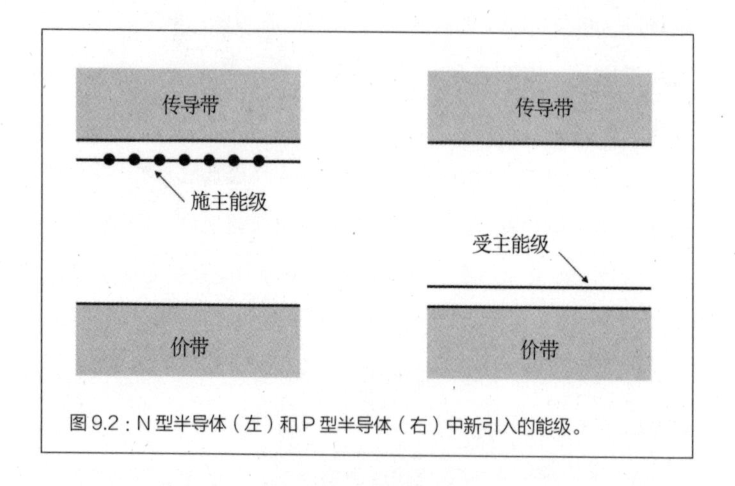

图 9.2：N 型半导体（左）和 P 型半导体（右）中新引入的能级。

图 9.2 的左侧展示了如果一片硅被磷污染会怎么样。污染的程度必须能被精确控制，而这非常重要。假设在纯硅晶中，每隔一段时间就移除一个原子，换上一个磷原子。磷原子恰好填进硅原子空出的位置上；唯一的区别是，磷比硅多一个电子。多余的电子与它的宿主原子结合很弱，但并不完全自由，因此其占据的能级略低于导带。在低温下，导带是空的，而磷原子施舍的电子位于图中的施主能级中。在室温下，硅中的电子 - 空穴对十分罕

见，每兆个电子钟只有约一个能从晶格的热振动中获得足够的能量，从价带跳至导带。相反，由于磷中的施主电子与其宿主原子结合很弱，它很有可能从施主能级轻轻跃至导带。因此，在室温下，对于每一兆个硅原子掺杂水平高于一个磷原子的情形，导带就会被磷原子施舍的电子所主导。这意味着，只需改变磷污染的程度，就可以非常精确地控制可导电的迁移电子数量。由于在导带中游荡的电子可以承载电流，我们说这种被污染的硅是“N型”（N 表示“带负电”）。

而图 9.2 的右侧展示了如果我们转而用铝原子污染硅会怎么样。同样，铝原子也稀疏地撒在硅原子之间，它们也恰好填入本该由硅原子占据的空间中。与上一段中左侧图情形的区别是，铝原子比硅原子少一个电子。这就向原本的纯晶体中引入了空穴，类似于掺杂磷元素会引入电子。这些空穴位于铝原子附近，可以被邻近硅原子的价带电子跃起填充。“空穴被填充”的受主能级展示在了图中；因为硅的价带电子很容易跃入铝原子引入的空穴，可见它只比价带略高。在这种情况下，我们自然可以把电流看作是由空穴传播的，也正因如此，这种掺杂的硅被称为“P 型”（P 表示“带正电”）。如前所述，在室温下，铝掺杂的水平无须超过兆分之一，就能使电流由铝引入的空穴的运动所主导。

到这里为止，我们只是简单地说，想要制造出一块能导电的硅，要么让磷原子施舍的电子在导带上航行，要么让铝原子捐献的空穴在价带中航行。这又有什么意义呢?

图 9.3 指出了我们要利用这点做的事，图中我们将一块 N 型硅和一块 P 型硅连起来。起初，N 型区域充溢着来自磷的电子，

而P型区域充溢着来自铝的空穴。因此，N型区域的电子会扩散进入P型区域，而P型区域的空穴会扩散进入N型区域。这并没有什么神秘的；电子和空穴只是在两种材料的接面处氤氲扩散，就像墨水在浴缸中散开一样。但当电子和空穴向相反的方向扩散时，它们会留下净正电荷（N型区域）和净负电荷（P型区域）。由于"同性相斥"规则，电荷的这种堆积会阻遏进一步扩散，直到最终达到平衡，不再发生净扩散。

图9.3中的第二张图引导我们用电势的语言来思考这一点，它展示了电子在结附近的变化。在N型区域深处，接面的效应不显著，而由于接面处于平衡态[i]，所以没有电流流动。这说明，电势在这一区域是常数。再次明确，对我们来说，电势的作用只是让我们知道作用于电子和空穴的力。如果电势是平的，则就像放在平地上的球不会滚动一

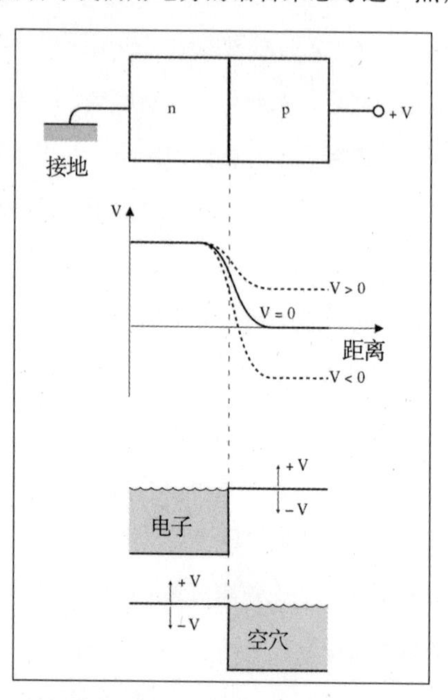

图9.3：将一块P型跟一块N型半导体接触，形成接面。

i state of equilibrium，指同时发生正向和反向的变化，而净效应为零的动态平衡。

样，电子也不会移动。

如果电势向下走，你可能猜想，放在下降电势附近的电子会“滚下山坡”。不巧的是，恰恰相反，下降的电势对电子而言是“上坡”；亦即，电子会流“上”山坡[i]。换言之，下降的电势对电子起到堤坝作用，而这就是我们在图中所画出的。由于早先的电子迁移，形成了负电荷的堆积，有一个力将电子推离P型区域。这个力阻止了电子从N型硅到P型硅的净迁移。用下降电势来表示电子的上坡过程，并不像看上去那么傻，因为从空穴的角度来看，就有意义了；亦即，空穴会自然地流下山坡。所以现在可以看到，我们也能正确地画出电势（即从左边高地到右边低地），阶跃的电势阻止了空穴逃离P型区域。

第三张图展示了流水的类比。左边的电子可以并且愿意沿导线流下，但被屏障挡住了。类似地，P型区域的空穴也搁浅在屏障的另一侧；水的堤坝和阶跃电势只是同一件事情的两种不同说法。如果简单把一片N型硅和一片P型硅粘在一起，事情就如上述所说。实际上，把它们粘在一起的操作需要更加小心，不能简单地粘在一起，否则接面就阻止了电子和空穴自由地流向另一区域了。

现在，如果我们把这个“PN结”（pn junction）连上电池，就会开始发生有趣的事情：我们可以提高或降低N型和P型区域之间的电势壁垒。如果降低P型区域的电势，就会让阶跃变得更陡峭，使得电子和空穴更难流过接面。但提升P型区域的电势

---

i 如果考虑电势能等于电荷与电势的乘积，则电子受到电势能下降方向的力，方向就和山坡类比一致了。

（或降低 N 型区域的电势）就像是降低拦水的堤坝一样。顷刻之间，电子会从 N 型区涌向 P 型区，而空穴涌向相反方向。这样一来，PN 结就可以用作二极管：它可以允许电流通过，但只能往一个方向。然而，二极管还不是我们的终极兴趣。

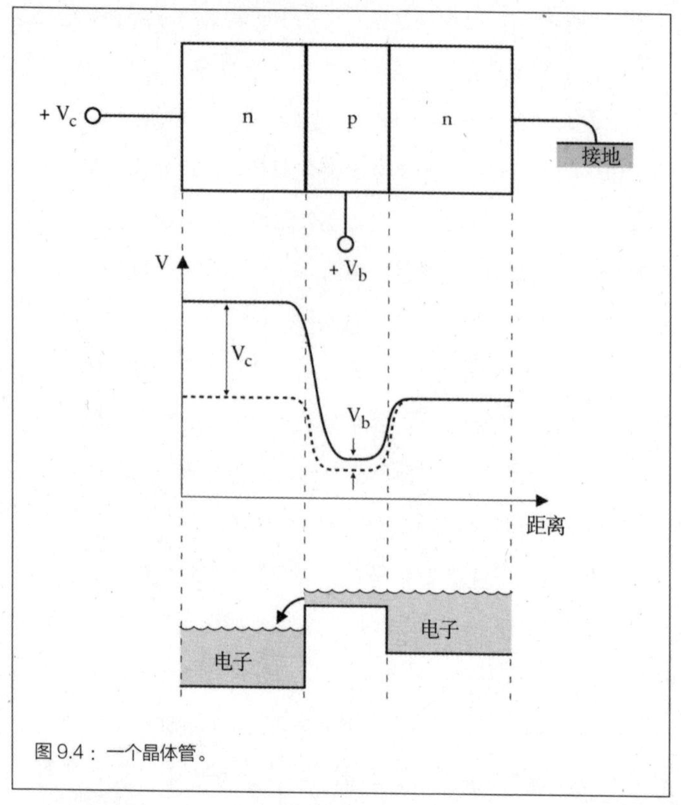

图 9.4：一个晶体管。

图 9.4 描绘了一种改变世界的装置——晶体管。它展示了如果让一层 P 型硅被两层 N 型硅夹住会怎么样。之前对二极管的解释，在这里会对我们有帮助，因为思路基本上是一样的。电子从 N 型区域扩散至 P 型区域，而空穴向相反方向扩散，直至这种扩散被硅层接面两侧的电势阶跃所阻止。如果晶体管断路，

这就好像有两个电子库被堤坝隔开，而一个满溢的空穴库位于中间。

当我们对一侧的N型区和中间的P型区施加电压时，就会发生有趣的作用。施加正电压会使得左侧的台地上升（V_c 单位）；同样，P型区的台地也会上升（V_b 单位）。在中图中，我们用实线表明了这一点。这样安排电势，效果出人意料，电子因此涌过降低的中央堤坝，进入左侧的N型区域，形成瀑布（记住，电子"流上山坡"）。只要 V_c 大于 V_b，电子流就是单向的，左侧的电子仍然不能流入P型区域。这些听起来可能平淡无奇，但我们刚刚描述的正是一个电子阀。通过对P型区域施加电压，就可以接通或断开电流。

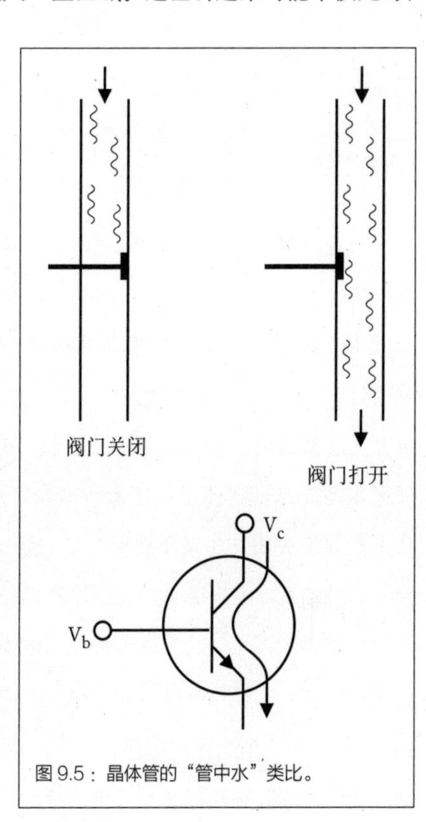

图 9.5：晶体管的"管中水"类比。

现在终于到了压轴——我们做好了准备，可以了解小小晶体管的完整潜能。图9.5再次利用与流水的类比，展示了晶体管的工作原理。"阀门关闭"的情形完全类似于没有电压施加在P型区域的情形。施加电压就相当于打开了阀门。在两根水管下方，也画出了通常用于表示晶体管的符号；只要稍加想象就能发现，它看起来甚至有点像阀门。

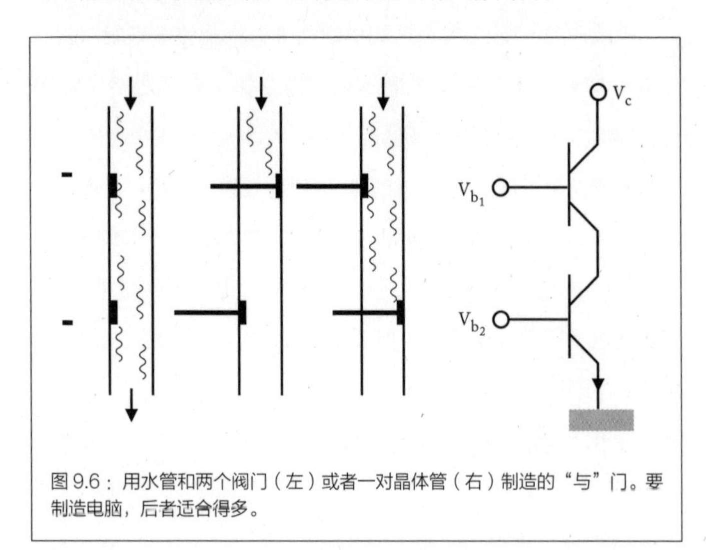

图 9.6：用水管和两个阀门（左）或者一对晶体管（右）制造的“与”门。要制造电脑，后者适合得多。

用阀门和水管可以做什么呢？答案是，可以建造计算机。如果这些阀门和管道可以做得足够小，就能建造真正的计算机。图 9.6 示意地展示了如何用带有两个阀门的水管，来构造一种叫作“逻辑门”的东西。在图的左侧，水管的两个阀门都开启，水就可以从底部流出。在图的中间和右侧，水管都有一个阀门关闭；显然水不能从底部流出。笔者偷懒没有展示第四种可能，就是两个阀门都关闭。如果用数字“1”表示有水从底部流出，数字“0”表示没有；用数字“1”表示阀门开启，数字“0”表示阀门关闭，则可以将水管的四种结果（三种画出，一种没有）总结在方程“1 与 1 = 1”“1 与 0 = 0”“0 与 1 = 0”和“0 与 0 = 0”中。在这里，“与”是一种逻辑运算，这个词的用法是技术性的——刚才描述的水管和阀门系统叫作“与门”（AND gate）。与门接受两个输入（两个阀门的状态），得到输出“1”的唯一方法是输入一个“1”和另一个“1”。笔者希望在图中以电路表示、用两个串联的晶体管来建立与门的方法是清楚的。可以看出，只有当两个晶体管都开启（即在 P 型区域的电压 V_{b1} 和 V_{b2} 均为正）时，才可能通过电流，而这正是实现与门所需的。

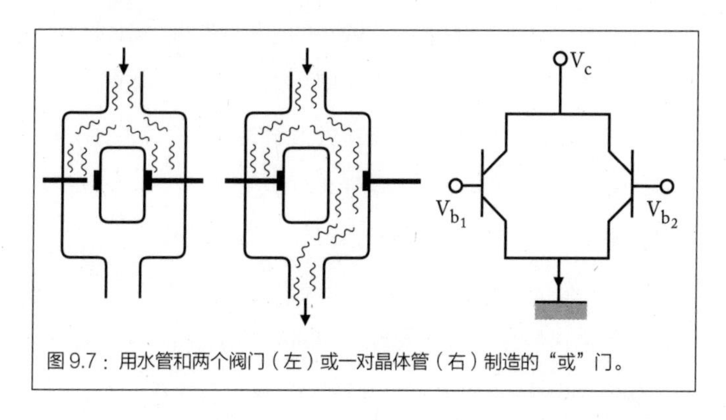

图 9.7：用水管和两个阀门（左）或一对晶体管（右）制造的“或”门。

图 9.7 展示了一种不同的逻辑门。这次，只要任意一阀门开启，水就能从底部流出；只有阀门都关闭时，水才不会流出。这就是所谓的“或门”。用跟前面相同的记号表达，“1 或 1 = 1”“1 或 0 = 1”“0 或 1 = 1”以及“0 或 0 = 0”。相应的晶体管电路也如图所示。现在除了两个晶体管都关闭的情况，电流都能流动。

类似这样的逻辑门，是数字电子设备之所以强大的秘密。从这些简单的构件出发，人们可以通过组装逻辑门实现任意复杂的算法。可以想象，对某个逻辑电路指定一组输入（一串“0”和“1”），将这些输入通过某种复杂的晶体管构型处理而得到一列输出（也是一串“0”和“1”）。这样，就可以设计电路，进行复杂的数学计算；或者根据键盘上被按下的键做出决策，将这些信息反映给处理单元，并在屏幕上显示出相应的字符；或者在有人侵者破门而入时触发警报；或者将文本字符流通过光缆（编码为一串二进制数字）发送到世界的另一端……事实上，你能想到的任何东西都可以，因为我们拥有的每一个电子设备里几乎都挤满了晶体管。

晶体管的潜力无限，而我们已经用它极大地改变了世界。说晶体管是过去一百年以来最重要的发明，毫不夸张。现代世界基于半导体技术，并由它塑造。在实用的层面上，这些技术拯救了数百万人的生命——笔者要特别指出计算设备在医院中的应用，快速、可靠和全球化的通信系统带来的好处，以及计算机在科研和控制复杂生产过程中的使用。

威廉·布·肖克利（William B. Shockley）、约翰·巴丁[i]（John Bardeen）和沃尔特·豪·布拉顿[ii]（Walter H. Brattain）在1956年因“他们对半导体的研究和发现晶体管效应”，被授予诺贝尔物理学奖。或许还没有过哪项被授予诺贝尔奖的研究工作能直接改变那么多人的生活。

---

i 约翰·巴丁，1908年生于美国威斯康辛州麦迪逊，1991年卒于华盛顿州斯波坎，美国物理学家。

ii 沃尔特·豪·布拉顿，1902年生于中国福建省厦门，1987年卒于美国华盛顿州斯波坎，美国物理学家。

第十章　相互作用

在开头几章中，我们建立了理论框架，解释微小粒子是如何四处运动的。它们跳来跳去，毫无偏好地探索广袤的空间，形象地说，在运动中还不忘带着它们的小钟。考虑粒子到达空间中特定位置的可能性，将不同到达方式的小钟加在一起，就会得到一块确定的钟，其大小会告诉我们在“那儿”找到粒子的机会大小。从量子跳跃这种狂野而无序的展示中衍生出了那些日常物体中更为人熟知的性质。从某种意义来说，你体内的每个电子、每个质子和每个中子都在不断地、自由地探索宇宙，只有当计算出所有这些探索的总和后，我们才会得到这样一个世界，幸好你体内的原子能以合理、稳定的排列，保持至少一个世纪。我们还没有完全解决的是粒子之间相互作用的本性。我们还没有具体讨论粒子之间如何交流，尽管已经设法取得了很多进展，特别是利用势的观念后。但什么是势呢？如果世界单单由粒子组成，我们当然可以替换掉“粒子的运动是在其他粒子形成的势中进行的”这样模糊的概念，转而讨论粒子是如何运动和相互作用的。

基础物理学的现代方法称之为量子场论，它为解释粒子到处跳来跳去，补充了一套粒子如何相互作用的新规则。事实证明，这些规则并不比此前见过的规则更复杂；并且，尽管自然世界繁芜庞杂，但现代科学的奇迹之一就是：规则并不太多。“世界永恒的不可理解之处就在于它的可理解性，”阿尔伯特·爱因斯坦写道[i]，“它是可理解的，这本身就是一个奇迹。”

我们先来阐述一下最早被发现的量子场论——量子电动力学，简称 QED——的规则。该理论的起源可追溯至 1920 年代；当时，以狄拉克为代表的物理学家对麦克斯韦电磁场的量子化工作取得了最初的突破。在本书中，你已经多次见到电磁场的量子——光子；但在整个 1920 和 1930 年代，这一新理论仍有很多悬而未决的问题。例如，当电子在原子能级间移动时，它究竟是如何发射出光子的？以及，当光子被电子吸收，使电子能跳至更高能级时，光子到底怎么样了？显然，在原子内的过程中，光子是可以被产生和消灭的；而这种事情的机制，本书的“旧”量子理论中至此还没有涉及。

科学史上曾有过屈指可数的几次华山论剑，这些会议看似确实改变了科学的发展方向。如果考虑到与会者通常已经对其课题进行了多年的研究，这些会议也许并没有改变发展方向；但和它们中的大部分比起来，1947 年 6 月在纽约长岛一角举行的谢尔特岛会议更有资格被认为促成了一些特别的事情。光是与会名单就值得列举，因为它虽然短，却是 20 世纪美国物理学巨

---

i 出自《物理和现实》，于 1936 年发表于《富兰克林研究所期刊》第 221 卷第 3 号第 313 页；英译版发表于期刊同号第 349 页。

擘们的大点兵。按姓名字母顺序：汉斯·贝特[i]（Hans Bethe）、戴维·玻姆[ii]（David Bohm）、格雷戈里·布莱特[iii]（Gregory Breit）、卡尔·达罗[iv]（Karl Darrow）、赫尔曼·费什巴赫[v]（Herman Feshbach）、理查德·费曼、亨德里克·克喇末[vi]（Hendrik Kramers）、威利斯·兰姆[vii]（Willis Lamb）、邓肯·麦金尼斯[viii]（Duncan MacInnes）、罗伯特·马沙克[ix]（Robert Marshak）、约翰·冯·诺伊曼[x]（John von Neumann）、阿诺德·诺德西克[xi]（Arnold Nordsieck）、朱·罗伯特·奥本海默[xii]（J. Robert Oppenheimer）、亚伯拉罕·派斯[xiii]

---

i 汉斯·贝特，1906 年生于今属法国大东部大区的斯特拉斯堡，2005 年卒于美国纽约州伊萨卡，犹太裔德籍美籍物理学家。

ii 戴维·玻姆，1917 年生于美国宾州威尔克斯—巴里，1992 年卒于英国伦敦，美籍巴西籍英籍物理学家。

iii 格雷戈里·布莱特，1899 年生于今属乌克兰尼古拉耶夫州的尼古拉耶夫，1981 年卒于美国俄勒冈州塞勒姆，犹太裔美籍物理学家。

iv 卡尔·达罗，1891 年生于芝加哥，1982 年卒于纽约，美国物理学家。

v 赫尔曼·费什巴赫，1917 年生于纽约，2000 年卒于麻省剑桥，美国物理学家。

vi 亨德里克·克喇末，1894 年生于荷兰鹿特丹，1952 年卒于乌赫斯特海斯特，荷兰物理学家。

vii 威利斯·兰姆，1913 年生于加州洛杉矶，2008 年卒于亚利桑那州图森，美国物理学家。

viii 邓肯·麦金尼斯，1885 年生于犹他州盐湖城，1965 年卒于新罕布什尔州汉诺威，美国物理化学家。

ix 罗伯特·马沙克，1916 年生于美国纽约，1992 年卒于墨西科坎昆，美国物理学家。

x 约翰·冯·诺伊曼，1903 年生于今天的匈牙利布达佩斯，1957 年卒于美国华盛顿特区，犹太裔美籍数学家。

xi 阿诺德·诺德西克，1911 年生于俄亥俄州马里斯维尔，1971 年卒于加州圣巴巴拉，美国理论物理学家。

xii 朱·罗伯特·奥本海默，1904 年生于纽约，1967 年卒于新泽西州普林斯顿，美国理论物理学家。

xiii 亚伯拉罕·派斯，1918 年生于荷兰阿姆斯特丹，2000 年卒于丹麦哥本哈根，荷兰籍美籍物理学家和科学史学家。

(Abraham Pais)、莱纳斯·鲍林[i] (Linus Pauling)、伊西多·拉比[ii] (Isidor Rabi)、布鲁诺·罗西[iii] (Bruno Rossi)、朱利安·施温格[iv] (Julian Schwinger)、罗伯特·瑟伯尔[v](Robert Serber)、爱德华·特勒[vi] (Edward Teller)、乔治·乌伦贝克、约翰·哈斯布鲁克·范扶累克[vii] (John Hasbrouck van Vleck)、维克托·魏斯科普夫[viii] (Victor Weisskopf) 以及约翰·阿齐博尔德·惠勒[ix](John Archibald Wheeler)。你已经在本书中见过其中几个名字，而任何一个物理系学生都可能听说过他们中的绝大多数。美国作家戴夫·巴里[x] (Dave Barry) 曾经写道："如果非要用一个词来概括是什么原因导致人类还没有并且永远不可能发挥全部潜能，这个词就是开会。"这无疑是真的，但谢尔特岛会议是个例外。这次会议一开始就报

---

i 莱纳斯·鲍林，1901 年生于俄勒冈州波特兰，1994 年卒于加州大苏尔，美国化学家、和平运动人士。

ii 伊西多·拉比，1898 年生于今属波兰的雷马努夫，1988 年卒于美国纽约，犹太裔美籍物理学家。

iii 布鲁诺·罗西，1905 年生于意大利威尼斯，1993 年卒于美国麻省剑桥，意大利籍美籍实验物理学家。

iv 朱利安·施温格，1918 年生于纽约，1994 年卒于洛杉矶，犹太裔美籍理论物理学家。

v 罗伯特·瑟伯尔，1909 年生于费城，1997 年卒于纽约，美国物理学家。

vi 爱德华·特勒，1908 年生于今天的匈牙利布达佩斯，2003 年卒于美国加州斯坦福，犹太裔匈牙利籍美籍理论物理学家。

vii 约翰·哈斯布鲁克·范扶累克，1899 年生于康涅狄格州米德尔顿，1980 年卒于麻省剑桥，美国物理学家。

viii 维克托·魏斯科普夫，1908 年生于今天的奥地利维也纳，2002 年卒于美国麻省牛顿，犹太裔奥地利籍美籍理论物理学家。

ix 约翰·阿齐博尔德·惠勒，1911 年生于佛罗里达州杰克逊维尔，2008 年卒于新泽西州默瑟县，美国理论物理学家。

x 戴夫·巴里，1947 年生于纽约州阿蒙克，美国作家和专栏作家。引文可能出自他于 1999 年出版的《戴夫·巴里年届五十》一书中第八篇《我在 50 年中所了解的 25 件事》。

告了后世闻名的“兰姆位移”。威利斯·兰姆利用二战期间发展出的高精度微波技术，发现氢原子光谱实际上不能被旧量子力学完美描述。在观察到的能级中有一个微小的位移，不能用我们本书已出现的理论来解释。这效应极其微小，但对这群聚在一起的理论学者们来说它是一个奇妙的挑战。

我们将在兰姆的报告后淡定地离开谢尔特岛，转而研究在随后数月和数年中出现的理论。过程中会揭示兰姆位移的起源，但是卖个关子，这里先给出加密版的答案：氢原子中并不只是有质子和电子。

QED 是解释带电粒子——如电子——如何相互作用，以及它们如何与光子相互作用的理论。单靠它就能解释除引力和原子核以外的所有自然现象。稍后我们将把注意力转向原子核内的现象，并解释为何原子核能保持稳定；它由一堆带正电的质子和不带电的中子构成，如果没有亚原子核现象，后者会在电排斥作用下瞬间飞散。几乎所有的东西，当然包括你看到的和感知的所有东西，都可以通过 QED 在最深的层次上被解释。物质、光、电和磁，这些都是 QED[i]。

我们先来探索一个在本书中已经反复出现的系统：一个包含单个电子的世界。第 54 页“小钟跃动”图上的小圆圈表示电子在某一时刻的可能位置。要推导在以后的某一时刻，在某位置 X 找到它的可能性，我们的量子规则说，要让电子从每个可能的起点跃至 X。每次跳跃都会传递一块钟到 X；将这些钟相加，就完成了。

---

i QED 也是常用拉丁文 quod erat demonstrandum 的缩写，意为“已经证明的，此处为双关，可理解成“物质、光、电和磁都已经通过了量子电动力学的证明”。

我们下面要做的事情，一开始可能看似有点过度复杂，但当然是有价值的。这将会涉及到一些A、B和T——换言之，我们又要进入花呢外套和粉笔灰的领域了，但不会逗留太久。

如果一个粒子于零时刻从位置A出发并于T时刻到达位置B，我们就可以通过A到B的距离以及时间间隔T，计算出从A出发的钟需要逆时针旋转的圈数，并得到B处的钟。简而言之，我们可以把B处的钟写成C(A,O）P(A,B,T)，其中C(A,0)表示A处在零时刻的初始钟，而P(A,B,T）体现出从A跃至B的旋转和收缩规则[i]。我们把P(A,B,T）称为从A到B的“传播子”(propagator)。一旦知道了从A到B的传播规则，我们就完成了准备，可以算出在X处找到粒子的概率。对于图4.2中的例子，我们有很多起始位置，所以就得把每个位置上的钟都传播到X，并把结果加起来。在我们看似牛刀杀鸡的记号中，最后的钟是：

$$C(X,T)=C(X,0)P(X_1,X,T)+C(X_2,0)P(X_2,X,T)+C(X_3,0)P(X_3,X,T)+\cdots$$

其中X_1、X_2、X_3等标记了粒子在零时刻的所有位置（即图4.2中的小圆圈）。再说清楚一点，C（X_3,0）P（X_3,X,T）就是说“把零时刻位于X_3的钟在T时刻传播到X”。不要被骗了，以为会发生什么取巧的事情。我们所做的，只是把已知的东西用一种花哨的方法简记下来：“考虑零时刻位于X_3的钟，算出当粒子从X_3出发并在T时刻运动到X时，这块钟需要旋转和收缩的量；并且对所有其他零时刻的钟做相同的事情，最后再把它们用钟相加的

i 为了确保粒子在时刻T在宇宙中某处被找到的总概率为1，传播子也会将钟缩小。（原书注）

法则加起来。”相信你一定会认同这句话有点拗口；而笔者的这种记法，让人生更容易了一点。

我们当然可以把传播子看成是钟旋转和收缩规则的体现。但也可以把它看成是一块钟。为了澄清这条生硬的陈述，想象我们知道电子在T=0时能确定电子位于A处，并且它由一块大小为1、指向12点的钟所描述。可以用第二块钟来描述传播行为，其大小是原始钟需要收缩的量，而时刻为所需的旋转圈数。如果从A到B需要将原始钟缩小5倍，并转过2小时，则传播子P（A，B，T）可以用一个大小为$\frac{1}{5}=0.2$、时刻为10点的钟来表示（即从12点方向往回转动2小时）。B处的钟就是通过将A处的原始钟“乘以”传播子的钟所得到的。

对了解复数的读者多提一句：正如每个C（X_1，0）、C（X_2，0）可以用复数表示，P（X_1，X，T）、P（X_2，X，T）也可以，并且前后两者的组合是根据两个复数相乘的数学法则进行的。对于不懂复数的读者这不要紧，因为用钟来描述也同样是准确的。前面两段只是为钟的旋转规则引入了一种稍微不同的思路：可以用另一块钟，来旋转和收缩已有的钟。

我们可以自由设计相乘的规则——即传播子，实现任何结果：将两块钟的大小相乘（$1\times0.2=0.2$），并将两块钟的时间合并，使得第一块钟旋转的量等于12点减10点，这等于2小时。听起来笔者的确用上了屠龙之技，当只用考虑一个粒子时，这些显然没必要。但物理学者都很懒，一般他们不会大费周章，除非从长远来看能省时间。事实证明，当研究包含多个粒子——比如氢原子——的有趣情形时，这些小小的记号对于记录所有的旋转和收缩是非常有用的。

忽略掉细节，在我们计算宇宙某处找到单个粒子的概率时，只有两个关键因素。首先，需要指定钟的初始阵列，这包含了于零时刻在何处可能找到粒子的信息。其次，需要知道传播子 P（A，B，T）它本身也是一块钟，包含了粒子从 A 跃至 B 的收缩和旋转规则。一旦知道了任意一对起止点的传播子是什么样

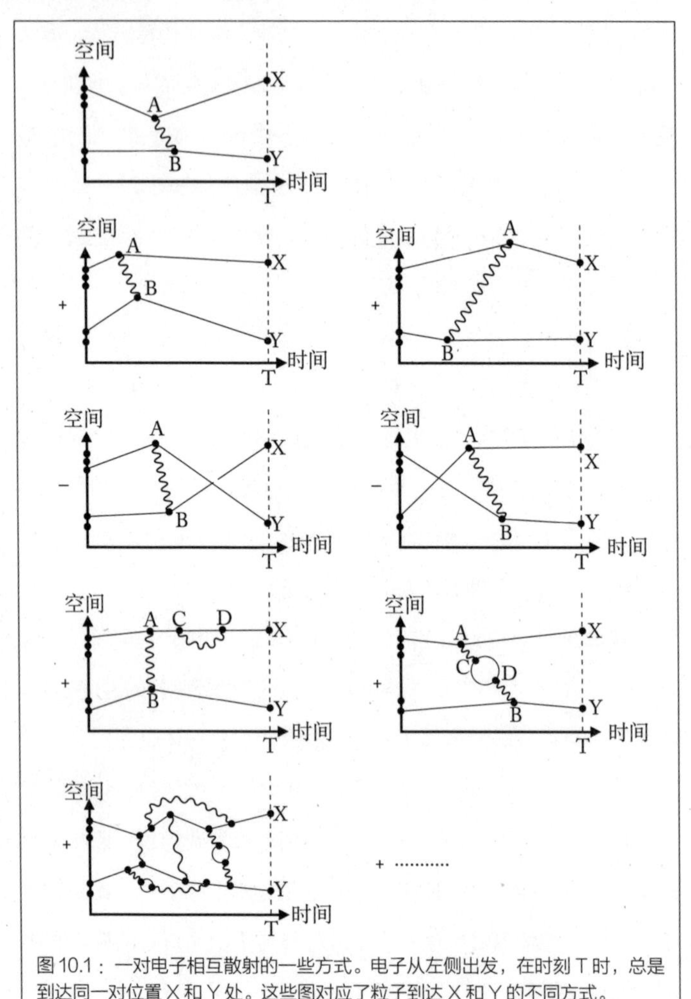

图 10.1：一对电子相互散射的一些方式。电子从左侧出发，在时刻 T 时，总是到达同一对位置 X 和 Y 处。这些图对应了粒子到达 X 和 Y 的不同方式。

子，我们就知道了所有的事情，便能很有信心地解出，一种穷极无聊的动力学所对应的宇宙仅包含单个粒子。但其实我们不该如此贬低这个结果，因为把粒子的相互作用加进游戏后，这种简单的状态并没有变复杂很多。所以现在就把相互作用加进来吧。

图 10.1 形象地说明了所有我们要讨论的关键想法。这是我们第一次接触到费曼图（Feynman diagram），专业粒子物理学者的计算工具。我们的任务是，计算出在某个 T 时刻，在位置 X 和 Y 找到一对电子的概率。开始时，我们被告知电子在零时刻的位置；也就是说，我们被告知了电子的初始钟群是什么样子的。这很重要，因为能够回答这类问题，就等于知道了“在一个包含两个电子的宇宙中会发生些什么”。这听起来可能没什么大进展，但一旦弄清了这个问题，世界就是我们的囊中之物，因为我们会知道大自然的基本构件是如何相互作用的。

为了简化图像，我们只画出了一个空间维度。这完全不会影响结论。先来描述图 10.1 中一系列图的第一张。T=0 处的小点对应两个电子在零时刻可能的位置。为了方便说明，我们假设上方的电子可以位于三个位置其中之一，而下方的电子可以位于两个位置之一（在现实世界中，必须处理电子可以位于无穷个可能位置的情形，但如果要画出这种情形，会把墨用光的）。上方的电子在稍后某个时刻跃至 A，并在那里做一些有趣的事情：它发射出一个光子（用波浪线表示）。这个光子之后跃至 B，并在那里被另一个电子吸收。然后，上方电子由 A 跃至 X，而下方电子由 B 跃至 Y。这只是原来那对电子到达位置 X 和 Y 的无数种方式中的一种。我们可以把整个过程与一块钟关联起来——称之为“钟 1”或者简称 C_1 。QED 的工作就是，告诉我们游戏规则，让我们能推导出这块钟。

在进入细节之前，我们先来描绘出结果。最上方的图代表了最初的一对电子到达 X 和 Y 的万千种方式之一。其他的图代表了其他一些方式。这里的关键想法是，对于每一种电子到达 X 和 Y 的方式，我们都要确定出一块量子钟，而 C_1 是一长列钟里的第一块[i]。钟尺寸（的平方）告诉我们，在X和Y找到一对电子的概率。因此，我们要再次想象，电子抵达 X 和 Y 不只有一条路径，而是通过所有可能的方式相互散射。如果看一下最后几张图，就会看到一些更繁复的电子散射方式。电子不仅交换光子，它们本身就能发射和再吸收光子；在最后两张图中，还发生了非常奇怪的事情。在这些图中，光子看似发射出电子，而电子“绕了一圈”又回到原点；我们稍后会就此展开讨论。目前，我们只需想象一系列愈发复杂的图，描述电子在最终到达 X 和 Y 之前如何发射和吸收了大量光子。我们需要想出各种各样让电子到达 X 和 Y 的方式，但有两条规则是非常明确的：电子可以从此处跃至彼处，发射或吸收一个光子。这就是全部的规则；电子可以跃动或者分枝。仔细观察就会发现，笔者画出的图中，没有一张违反这两条规则，因为它们从未涉及比两个电子和一个光子更复杂的结点。现在我们必须解释一下如何计算图 10.1 里每张图对应的钟。

我们来把注意力集中在最上面一张图中，并说明如何确定与之关联的钟（C_1）是什么样子。在过程开始时，有两个电子，它们每个都有一块钟。我们会根据钟的乘积法则，将它们相乘得到

---

i 我们在之前就遇到过这种想法，当时是在第七章中处理泡利不相容原理。（原书注）

一块新的单块钟，用符号 C 表示。它们相乘是有意义的，因为钟实际上编码了概率；而如果有两个独立的概率，则要把它们合在一起就得乘起来。例如，掷两枚硬币，同时得到正面向上的概率是 $\frac{1}{2}\times\frac{1}{2}=\frac{1}{4}$ 。同样，合并后的钟 C 告诉我们在两个电子的初始位置找到它们的概率。

剩下就是进行更多钟的乘法。上方电子跃至 A，因此有一块钟与之关联；我们叫他 P(1，A)（即“粒子 1 跃至 A”）。同时，下方电子跃至 B，这也有一块钟，称为 P(2，B)。同样，还有两块钟，对应于电子跃至最终位置，把它们记作 P(A，X) 和 P(B，Y)。最后，我们还有一块钟与光子关联，它从 A 跃至 B。由于光子不是电子，光子的传播规则不一定与电子相同，因此我们应该用不同的符号表示它的钟。我们把光子跳跃对应的钟记作 L(A，B)[i]。现在，我们简单把所有的钟乘起来，得到一块“主”钟：

$$R=C\times P(1,A)\times P(2,B)\times P(A,X)\times P(B,Y)\times L(A,B)$$

现在我们已经非常接近完成了，还有额外的一些钟收缩需要算上，因为在电子发射或吸收光子时，QED 的规则说，要引入一个收缩因子 g。在我们的图中，上方的电子发射出光子，而下方电子吸收了它；这就引入了两个 g 因子，即 g^2。现在我们真的完成了，最终的“钟 1”由 $C_1=g^2\times R$ 计算得到。

收缩系数 g 看似有些任意，但它的物理解释非常重要。它显然与电子发射光子的概率有关，而这就编码了电磁力的强度。我们得在计算中引入与现实世界的联系，因为我们计算的是真实的

i 这是一个技术问题，因为贯穿本书的钟的旋转和收缩规则，至此为止，都不包含狭义相对论的效应。如果包含这些效应，就会得出结论，电子和光子的钟的旋转规则是不同的；而要想描述光子，就必须考虑狭义相对论。（原书注）

东西；就像牛顿引力常数 G 承载了引力强度的所有信息，g 也承载了电磁力强度的所有信息[i]。

如果我们确实要完成一个完整的计算，现在就要把注意力转向第二张图；它代表了最初那对电子抵达相同目的地 X 和 Y 的另一种方式。第二张图和第一张十分相似，电子也从同一位置出发，但现在光子由上方电子在不同的空间位置和时刻发射出来，并被下方电子在不同的位置和时刻吸收。其余的事情和第一张图完全一样，这样我们就得到第二块钟“钟 2”，用 C_2 表示。

然后我们继续对每一个可能发射和吸收光子的地方都重复整个过程。还应该考虑到，电子可以从多种不同的可能位置出发。关键在于要考虑到每一种将电子送至 X 和 Y 的方式，而每种方式都对应一块钟。一旦我们集齐了所有的钟，就“只需”把它们加起来，产生一块最终的钟，其大小就能告诉我们在 X 处、Y 处分别找到一个电子的概率了。这就完成了我们的任务，搞清楚了两个电子是如何相互作用的，因为我们能做的也只有计算出概率。

刚才所描述的确实就是 QED 的核心，而大自然中的其他相互作用也能从类似的方式中得到令人满意的描述[ii]。笔者很快就会讲到这些，但现在还有其他几点发现要说明。

首先，用一段话来描述两个小而重要的细节。第一：为简化问题，我们忽略了电子因自旋而有两种的事实。不仅如此，光子

---

i g 与精细结构常数（fine structure constant）有关：$\alpha = \frac{g^2}{4x}$。1910 年代，人们对书中前文提到过的氢原子线状光谱做了进一步研究，发现每条谱线实际上是由几条靠得很近的谱线组成的。这被称为精细结构，而这个常数与精细结构有关。它没有单位，数值上约等于 1/137。（原书注）

ii 引力的这种描述方式尚未被广泛接受。

也有自旋（它们是玻色子），有三种类型[i]。这些只会让计算变得更混乱一点，因为我们所处理的光子和电子的类型，需要跟踪它们每个跃动和分枝阶段。第二个：如果你一直很仔细，则可能已经发现了图 10.1 中前几张图前面的负号。它们的出现是因为我们是在研究跃至 X 和 Y 的全同电子，而带有负号的两张图对应了电子相对于其他图的互换；也就是说，一个电子从上方钟群出发而到达 Y，而另一个从较低位置出发的电子到达 X。我们在第七章论证过，要合并这些交换的构型，需要先把其中一块钟多转过 6 小时，因此才会有负号。

你可能已经发现了我们计划中的潜在缺陷——有无数张图共同描述，两个电子如何到达 X 和 Y，而把无数块钟加起来，至少看起来是比较繁琐的。幸好，每次出现光子 - 电子分枝，都会在计算中引入一个因子 g，就能得到缩小的钟的尺寸。这意味着，图愈复杂，它贡献的钟就愈小，而当把所有钟都加起来时，它就愈不重要。对于 QED，g 是一个相当小的数（大约 0.3），所以随着分枝数的增加，钟缩小到了极致[ii]。很多时候，只要考虑图 10.1 中前五张图就足够了，这里的分枝数不超过两个，这样可以省去很多辛勤工作。

对每张费曼图计算钟[iii]，把钟加在一起，再对最终的钟求平方得到物理过程发生的概率，这套算法是当代粒子物理学的柴米油盐。但是在我们所说的一切表象之下，隐藏着一个引人深思的问

i 在计算过程中出现的“光子”，术语叫作虚光子，有三种类型。而实际能观测到的光子，术语叫作实光子，只有两种。

ii 作者这里忽略掉了一个事实：分枝愈多，图的构型就愈多，这可能会抵消掉钟尺寸减小的影响。这是一个有待解决的科学问题。

iii 术语叫作“振幅”。

题——它深深困扰着一群物理学者，而其他学者对此毫不在意。

量子测量问题

当我们把对应不同费曼图的钟加在一起时，也会允许“量子干涉的狂欢”发生。和双缝干涉实验的情形一样，在那里我们曾须考虑，粒子可以到达荧幕的所有路径，这里我们也须考虑一对粒子从初始位置到达终点所有可能的方式。我们能以此计算出正确的答案，因为它允许不同图之间的干涉。只有当最后所有钟都被加在一起、所有的干涉都被考虑在内时，我们才能求出最后钟大小的平方，计算出物理过程发生的概率。听上去挺简单，但请看看图 10.2。

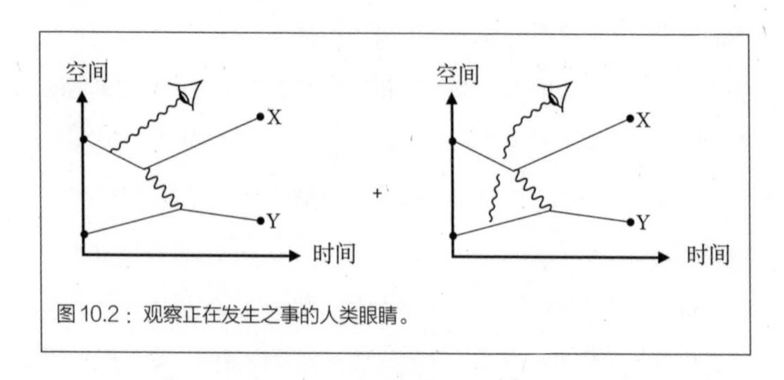

图 10.2：观察正在发生之事的人类眼睛。

如果我们试图去确定电子在跃至 X 和 Y 时都做了什么，会发生什么呢？我们只有一种方法可以研究这一点，就是根据游戏规则去与体系相互作用。在 QED 中，这意味着我们必须使用电子 - 光子的分枝规则，因为没有其他选择。因此，我们与其中一个光子展开相互作用，无所谓它是从这一个或另一个电子发出的。我们用个人版光子探测器——肉眼来探测它。注意，我们现在对理论提出了一个不同的问题："在X处发现一个电子的同时，在Y处发现另一个，并且我的眼睛能看到一个光子的机会有多大？"我们知道如何得到答案：考虑所有始于两个电子的不同图像，将结束时一个电子抵达X、另一个电子抵达Y且还有一个光子抵达"我的眼中"所相关联的钟都加起来。更精确地说，还得讨论光子如何和肉眼相互作用。虽然这一开始可能很简单，但很快就会失控。例如，光子会与一个位于我眼睛内部原子的电子发生散射，而这会触发一连串的事件，最终导致我意识到眼中有光闪过，也就是说我感知到了光子。因此，要完整地描述所发生的事情就需要明确我大脑中每个粒子的位置，因为是它们在光子到来时会做出反应。我们正在接近一种叫作量子测量问题的东西。

至此，我们已经比较详细地介绍过如何计算量子物理学中的概率。这意味着，如果我们进行某项实验，量子理论允许我们有机会测量得到某些特定结果。只要我们遵守游戏规则，坚持只计算某件事情发生的概率，这个过程就没有任何模糊之处。然而，还是有一些令人不安的地方。想象一位实验者进行一项以"是"或"否"为结果的实验，在实际操作过程中，实验者只会记录"是"或"否"，而不会同时记下两种结果。到目前为止一切还算顺利。

接着再想象第二位实验者在此之后做了些其他的测量（具体内容无所谓）。同样，假设这是一个简单的实验，结果是"咔"或者"不咔"。量子物理学的法则规定，为计算第二项实验结果为"咔"的概率，我们要加起来的钟必须考虑所有可能导致"咔"这个结果的情形。这也可能包括第一个实验者得到"是"以及与之互补得到"否"的两种情形。只有对这两种情形求和后，我们才能得到在第二项实验中测得“咔”的正确的概率。这真的对吗？我们真的得认为，即使在某些测量之后，也应该保持整个世界的相干性[i]吗？还是说，一旦我们在第一项实验中测得了“是”或“否”，则未来就只由那次测量的结果所决定？对后一种做法举例如下：在第二项实验中，如果第一位实验者测得“是”，则第二项实验得到“咔”的概率，就不应该由“是”和“否”的相干求和来计算得到；相反，应该只考虑世界上所有从“第一个实验得出‘是’”演化到“第二个实验得出‘咔’”的方式。这种做法，相比于我们对“是”和“否”的结果求和当然会给出不同的答案；而我们需要知道，想要得到完整的理解，哪种做法才是正确的。

要检查哪种做法才是正确的，就得确定测量过程本身是否有什么特别之处。它是否改变了世界，阻止我们把量子振幅相加，抑或是说，测量的只是可能性恢弘巨网中的一部分，而后者永远保持相干叠加？作为人类，我们可能倾向于认为，现在的某个测量（比如得到“是”或“否”）会不可逆转地改变未来；而如果此事当真，则未来的测量结果永远不可能同时通过“是”和“否”这两条路径。但事情显然并非如此；因为似乎总有机会在未来处于某个量子态的宇宙中找到既通过“是”也通过“否”到达的可能。如果认真接受量子物理学的定律，这些态似乎让我们别无选择，只能通过对“是”和“否”的路径求和，来计算出它

---

i coherence。这里是说量子粒子发生干涉的能力。考虑双缝干涉实验，如果在双缝处测量粒子位置，则不能观察到条状干涉图案；如果不在双缝处做测量，则可以观测到干涉图案，而这是由双缝处出发的两列波函数（相干）相加所得出的。这说明，在双缝处所做的测量破坏了系统的相干性，因而荧幕上的波函数不再由双缝发出的两列波函数相加所得到。

们显现的概率。虽然这看起来很诡异，但它并不比在本书中贯穿始终的历史求和更诡异。诡异感只是因为我们非常严肃地对待这些求和观念，乃至在人类及其行为的层面上也准备这样做。从这个角度来看，并不存在什么“测量问题”。只有当我们坚持，测得“是”或“否”的结果确实改变了事物的本质时，我们才会遇到问题；因为这样我们就有责任解释是什么触发了变化、破坏了量子相干性。

我们一直在讨论的量子力学理论方法，反对每当有人（或物）“进行测量”大自然就选择一个特定现实的想法，构成了俗称“多世界”（many worlds）的诠释基础。它非常吸引人，因为它是遵守基本粒子行为定律的产物，并足够严肃地运用这些定律去描述一切现象。但它的含义是惊人的，因为我们得想象宇宙真的是所有可能发生之事的相干叠加，而我们感知到的世界（看起来是具体的现实）之所以如此，是因为我们被愚弄了，误以为每当“测量”某事物相干性就丧失了。换言之，自我意识对世界的感知是受主观加工而成的，因为备选的（可能产生干涉的）历史极有可能无法导出相同的“当下”，这意味着量子干涉可以忽略不计[i]。

如果测量并未真正摧毁量子相干性，那么在某种意义上，我们是在一个巨大的费曼图中度过了一生，而我们倾向于认为确定的事情正在发生，其实是我们对世界粗劣感知的结果。所以说如果在未来某时刻，我们身上发生了一些事情，而这些事情的发生要求我们在过去同时做了两件相反的事情，也并非不可想象的。

i 这里大概是说，其他历史极不可能演化出相同的“现在”，即是说它们的概率很小，钟的尺寸很小，所以干涉可以忽略；在主观意识中，我们记住了最可能发生的单一历史。

显然，这种影响只能是微妙的，由于像“得到了工作”和“没得到工作”这样对我们生活影响巨大的事情，很难想象出现一种情形使得无论得不得到工作都能导致相同的未来（记住，我们只能把引出相同结果的振幅加起来）。所以，在这个例子中，得到了和没得到工作，并不会显著地互相干涉，而我们对世界的感知就像是只发生了一件事而没有其他可能一样。然而，两种备选情形的差异愈不明显，事情就愈模糊；如前所述，对于包含少数粒子的相互作用，对其不同可能性求和是完全有必要的。日常生活涉及巨量粒子，这意味着在某个时刻，两种本质不同的原子构型（例如，得到了或是没得到工作）极不可能产生显著的干涉效应，也很难导致未来的情形。反之，这意味着我们可以继续假装认为，世界已经因为一次测量而产生了不可逆的变化，即使实际上并非如此。

但是，在我们真正进行实验时，对于这种计算某事发生概率的严肃事务，这些沉思并不是迫切需要的。对于这些事务，我们知道规则、执行规则，就没有任何问题。但或许有一天，这种欢乐的时光会改变——目前，关于我们的过去可能会如何通过量子干涉影响未来的问题，实验还根本无法涉及。对量子理论所描绘的世界（或多世界）的“真实本质”的沉思，会在多大程度上阻滞科学的进步，这个问题被很好地概括在了“闭嘴计算”物理学派[i]的立场中，它机智地拒绝了任何谈论事物真实性的企图。

反物质（anti—matter）

---

i 也称为哥本哈根学派。

回到我们的世界，图 10.3 展示了两个电子相互散射的另一种方式。一个入射电子从 A 跃至 B，并于此处发射出一个光子，目前还算顺利。但现在电子又顺时至 Y，在彼处吸收另外一个光子，再顺时而下，最后可能在 C 处被探测到。这张图并不违反我们关于跃动与分枝的规则，因为电子完全按照理论规定的方式辐射和吸收光子。按照规则这可以发生，并且如本书标题所示，只要可能都会发生。然而，这种事情似乎的确违反常识，因为我们得接受电子能在时间中逆行回到过去的观念。用这种观念能写出不错的科幻小说，但违反因果律可没法造出宇宙。并且，它看似也会制造量子理论和爱因斯坦狭义相对论之间的直接冲突。

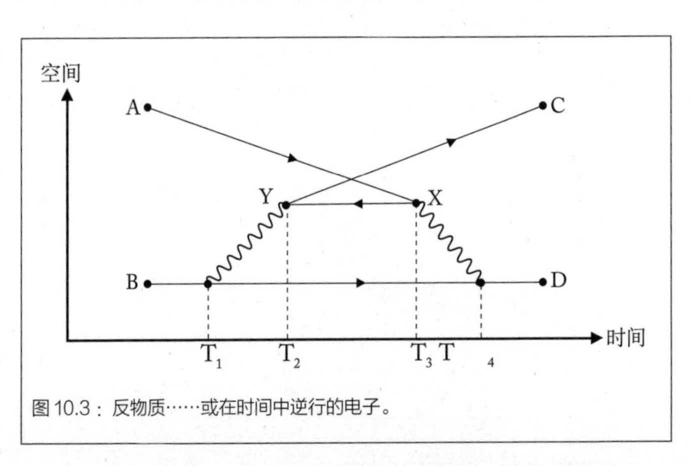

图 10.3：反物质……或在时间中逆行的电子。

值得注意的是，正如狄拉克于 1928 年所意识到的那样，亚原子粒子的这种特殊时间旅行并没有被禁止。如果从“顺时”的角度来重新诠释图 10.3 中发生的事情，就可以看到一点暗示，一切可能并不像看上去那样有缺陷。在图中，我们得从左向右追踪事件。我们来从时刻 T=0 开始，那时的世界只有两个电子，位于 A 和 B。我们在这个仅含两个电子的世界中继续，直到时刻

T_1，这时下方电子发射出一个光子；在时刻 T_1 和 T_2 之间，世界包含两个电子和一个光子。在时刻 T_2，光子没了，由一个电子（最终到达 C）和第二个粒子（最终到达 X）所替代。我们不愿将第二个粒子称为电子，因为它是“在时间中逆行的电子”。问题是，从一个顺时间前进的人（比如你）的角度来看，一个在时间中逆行的电子看起来是什么样的？

要回答这个问题，我们来想象，给一个在磁铁附近运动的电子拍摄一些录像片，如图 10.4 所示。只要电子的速度不太快[i]，它通常会做圆周运动。如前所述，电子可以因磁铁而偏转，这就是

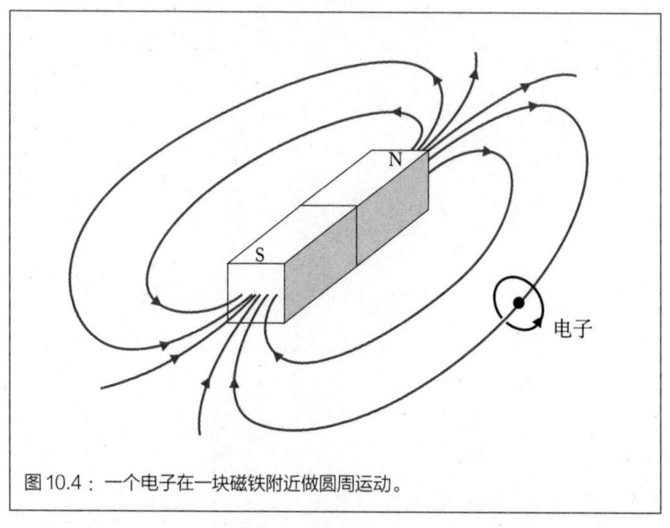

图 10.4：一个电子在一块磁铁附近做圆周运动。

老式 CRT[ii] 电视机或者更令人向往的粒子加速器包括大型强子对撞机背后的基本构造理念。现在想象把录像倒放。这就是从我们

i　这是一个技术要求，要保证电子在运动中感受到的磁力强弱大致相同。（原书注）

ii　Cathode ray tube，阴极射线管，又称显像管。

“顺时”的角度来看“一个在时间中逆行的电子”的样子。我们现在会看到，随着录像播放，“逆时电子”沿相反方向做圆周运动。从物理学者的角度来看，倒放的录像就完全像是另一个正放的录像，其中的粒子和电子几乎完全相同，除了它似乎带正电荷。现在，我们有了问题的答案：逆时电子对我们而言像是“带正电的电子”。因此，如果电子真的能在时间中逆行，则我们可以期待遇到的是“带正电的电子”。

这种粒子确实存在，被称为“正电子”（positron）。它们被狄拉克于 1931 年初引入，来解决他为电子写下的量子力学方程中的问题，可以说这个方程似乎预测了负能量粒子的存在。后来，狄拉克对他的思维方式——特别是对自己数学推导正确性的坚定信念——阐述了绝妙的洞见[i]：“我最终接受了负能态不能从数学理论中被排除掉的事实，所以我想就试着给这些负能态找一个物理解释吧。”

仅仅一年多以后，显然还不知道狄拉克预言的卡尔·安德森[ii]（Carl Anderson），在观察宇宙射线（cosmic ray）粒子时，在他的实验仪器中看到了一些奇怪的轨迹。他的结论是[iii]：“看似有必要用到一种带正电的粒子，其质量与电子相当。”这再一次说明了数学推理的奇妙力量。为了搞清楚一条数学结论的意义，狄拉克提出了一种新粒子的概念——正电子；几个月后，它就在高

---

i 出自收录于查尔斯·维纳编著《二十世纪物理学》（*History of Twentieth Century Physics*，Academic Press，1977）的狄拉克《忆峥嵘岁月》（*Recollections of an Exciting Era*）一文第 144 页。

ii 卡尔·安德森，1905 年生于纽约，1991 年卒于加州圣马利诺，美国物理学家。

iii 出自《容易探测到的正电荷粒子的显然存在性》，发表于《科学》第 76 卷（1932 年）第 1967 编第 238 页。

能宇宙射线碰撞的产物中被发现了。正电子是科幻小说中常见的元素——反物质。

掌握了这种将逆时间旅行的电子诠释成反物质的方法，我们就可以完成对图 10.3 的解释了。要说的就是，当光子在 T_2 时刻到达 Y 时，它分裂成一个电子和一个正电子。两者都顺时而下，直到 T_3 时刻，来自 Y 处的正电子到达 X，在那里它与原来的上方电子融合，产生第二个光子。这个光子传播至 T_4 时刻，并被下方电子吸收。

这听起来可能有点太牵强了：只因为允许粒子在时间中逆行，我们的理论中就得出现反粒子。我们的跃动和分枝规则允许粒子顺时和逆时跃动；尽管我们的偏见可能认为不能允许它们这样做，但我们最后发现，我们不会阻止它们这样做。其实是不能，讽刺的是，如果我们不允许粒子逆时跃动，就会违反因果律。这很奇怪，因为事情看似应该反过来才对。

事情能顺利解决，并不是偶然的；它还暗示了一套更深层的数学结构。其实，当你阅读本章时，可能会感觉到，分枝和跃动规则似乎都比较任意。是否可以制定一些新的分枝规则，并调整跃动规则，来探究这样做的后果？好吧，如果我们这样做，几乎肯定就会造出一个糟糕的理论——比如，一个违反因果律的理论。跃动和分枝规则背后更深层的数学结构，叫作量子场论（QFT）。非凡之处在于，它是建立微小粒子量子理论的唯一方式，并遵守狭义相对论。要使用 QFT 的工具，跃动和分枝规则就是固定不变的了，我们失去了选择的自由。对于那些追寻基本规律的人来说，这是一个非常重要的结果，因为用“对称性”来去除选择，给人一种宇宙本当“如此”的印象，这给人以理解上的进步之感。在这里用到了“对称性”一词，它是很恰当的，因为爱因斯坦的狭义和广义相对论，可以看成是在对空间和时间结构施加对称性的约束。其他“对称性”进一步约束了跃动和分枝规则，我们会在下一章中与它们简短地相遇。

在离开 QED 之前，还有最后一个坑要填平。如果你还记得谢尔特岛会议的开场报告是有关兰姆位移的，它无法用海森伯和薛定谔的量子理论来解释，是氢原子光谱中的反常（anomaly）现象。会议结束后一周内，汉斯·贝特提出了第一个近似得出答案的计算方法。图 10.5 展示了以 QED 的方式理解的氢原子。保持质子和电子结合的电磁相互作用，可以用一系列愈发复杂的费曼图来表示，就像我们在图 10.1 中看到的两电子相互作用一样。我们在图 10.5 中画出了最简单的两张图。在 QED 之前，对电子能级的计算只包含了最上面一张图，它包含了电子陷在由质子产生的势阱中的物理过程。但是，如前面发现的那样，在相互作用中还能发生很多其他的事情。图 10.5 中的第二张图展示出光子在短暂地涨落（fluctuate）后变成一个电子－正电子对的过程，而它也须包

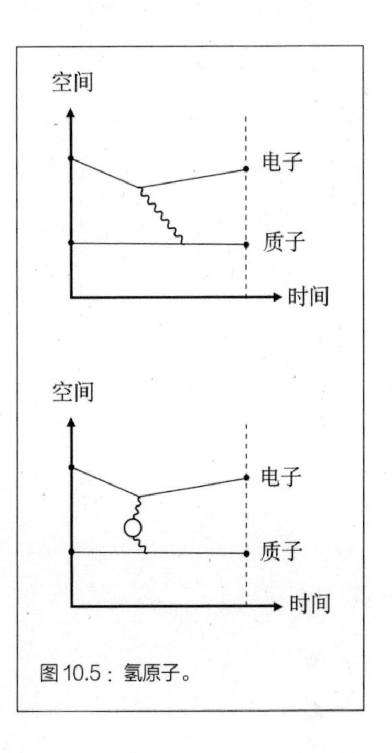

图 10.5：氢原子。

含在电子能级的计算中。这和其他很多图都会作为主要结果[i]的小修正进入到计算中。贝特正确地将“一圈”(one—loop)图——就像图10.5中第二张那样——的重要效应包含了进来，并发现它们会稍微移动能级，从而也稍微改变观测到的光谱细节。他的结果与兰姆的观测一致。换句话说，QED迫使我们把氢原子想象成一个嘶嘶作响的噪声源，亚原子粒子在其中不断诞生和消亡。兰姆位移是人类第一次直接接触到这些空灵的量子涨落。

没过多久，另两位谢尔特岛与会者理查德·费曼和朱利安·施温格就接过了接力棒。几年内，QED就发展成了我们今天所知的样子——量子场论的原型，以及作为范例支撑即将发现用以描绘弱和强相互作用的理论。由于他们的努力，费曼、施温格和日本物理学家朝永振一郎[ii](Sinitiro Tomonaga)获得了1965年诺贝尔奖，“以表彰他们在量子电动力学中的奠基性工作，这对基本粒子物理学产生了深远的影响”。我们下面要讨论的就是这些深远影响。

---

i 玻尔早在1913年就预言的结果。(原书注)

ii 朝永振一郎，1906年生于东京，1979年卒于同地，日本物理学家。

第十一章 虚空不空

世间万物并非都源自带电粒子间的相互作用。量子电动力学（QED）并不解释原子核中把质子和中子中的夸克结合在一起的“强核”过程，或使我们的太阳保持燃烧的“弱核”过程。我们写一本关于自然界量子理论的书，不能舍去半数基本力，因此这一章会先裨补阙漏，再对虚空探幽索隐。我们会发现，真空别有洞天，对基本粒子充满着机遇和障碍。

首先要强调，对弱核力和强核力的描述方法，与我们对 QED 量子场论的描述方法完全一样。这正是费曼、施温格和朝永所做工作产生的深远影响。描述这三种相互作用的理论当作为一个整体时，被称为粒子物理学的标准模型（Standard Model）。在笔者写作本书时，标准模型正在被有史以来人类建成的最大、最精密的机器——欧洲核子研究中心（CERN）[i]的大型强子对撞机（LHC）测试至爆点。称之为“爆点”很合适，因为接近光速的质子在 LHC 中发生对撞，在如此高的能量下，如果没有一

---

i 来自法语 Conseil europé en pour lareche rchenucléaire，通指欧洲核子研究中心。

些迄今为止尚未发现的东西，标准模型就不再能做出有意义的预言了。用本书的语言来说，量子规则开始产生长度超过 1 的钟面。也就是说，理论预言，某些涉及弱核力的过程其发生概率超过 100%。这显然是无稽之谈，它意味着 LHC 注定要发现一些新的东西。而人类的挑战则在于，如何在侏罗山[i]麓地下数百米处、每秒数亿次[ii]的质子对撞中把这些新东西找出来。

标准模型确实包含了一个治疗失灵概率恶疾的良方，叫作“希格斯机制”（Higgs mechanism）。如果它是正确的，那么 LHC 就应该多观察到一个自然界中的粒子——希格斯玻色子，并引领我们对真空构成认识产生一次深刻转变。我们将在本章稍后讨论希格斯机制，但首先我们要简短介绍一下硕果累累而又危如累卵的标准模型。

粒子物理学标准模型

在图 11.1 中列举出了所有已知的基本粒子。在撰写本书时，这些就是我们宇宙的基本构件了。但预计还有更多基本粒子：我们也许会发现希格斯玻色子，抑或是与丰富而神秘的暗物质有关的粒子——要理解浩瀚宇宙，暗物质似乎是不可或缺的。又或者是超弦理论期待的超对称粒子，抑或是某些额外维理论中的卡鲁

i　Jura Mountains，又译汝拉山，位于西阿尔卑斯山以北，主要位于法国和瑞士境内。LHC 最西端位于该山脉内。

ii　这是 2011 年第一次运行的数据。在 2015 年开始的第二次运行中，每秒对撞数已经达到 10 亿。

扎-克莱因激发[i]，乃至技夸克[ii](techniquark)、轻夸子[iii](leptoquark)等等。理论推测层出不穷，而对于在LHC进行实验的人，他们的责任就是缩小范围，排除错误理论，指明前进方向。

你能看到、触摸到的一切，地球上每台无生命的机器、每个活物、每块石头和每个人，可观测宇宙中3500亿个星系中每个星系内的每一颗行星和恒星，都是由第一列的四种粒子构成的[iv]。而正在阅读的你只由三种粒子构成：上夸克和下夸克（up quark、down quark）以及电子。夸克构成原子核，而如我们所见，电子负责化学反应。第一列中余下的一种粒子叫作电中微子[v]（electron neutrino)，可能你不太熟悉它，但每秒有来自太阳的约600亿个电中微子穿过你身体的每一平方厘米[vi]。它们大都直接穿过你乃至整个地球，而不受任何阻碍，这就是为何你从来没见过或者感到过任何一个电中微子。但是我们将很快看到，它们的确在为太阳提供动力的过程中发挥了关键的作用，而你的生命也因此而可能存在。

---

i Kaluza—Klein excitation。西奥多·卡鲁扎（Theodor Kaluza）1885年生于今属波兰的奥波莱，1954年卒于下萨克森州哥廷根，德国物理学家和数学家。奥斯卡·克莱因（Oskar Klein），1894年生于丹德吕德，1977年卒于斯德哥尔摩，瑞典物理学家。

ii techniquark，是技彩（technicolour）理论预言的粒子。技彩理论和希格斯机制类似，也能赋予质量。由于人们发现了希格斯玻色子，技彩理论和技夸克已经基本上被排除掉了。

iii leptoquark，是存在于某些标准模型的扩充理论中的假想粒子，能让轻子和夸克互相转化。

iv 这是夸张的说法，“只由四种粒子构成”一说并不完全准确。例如，可以认为质子中也存在奇夸克。

v 中微子又译微中子。

vi 这是夸张的说法，由于一种叫中微子振荡的现象，来自太阳的中微子并不都是电子中微子。

这四种粒子形成一组，被称为第一代物质；与大自然中的四种基本相互作用一起，它们看似就是构成宇宙的全部所需了。由于一些我们尚不理解的原因，大自然还给我们提供了两代物质。它们在表 11.1 中由第二、三列表示几乎完全就是第一代的复制，除了质量更大。尤其是顶夸克，比其他基本粒子质量要大得多；1995 年，在芝加哥附近费米实验室的兆电子伏特加速器（Tevatron）中发现了它，测得的质量是质子质量的 180 倍。顶夸克作为一个点状粒子（在这方面类似电子），为何是这样一个怪物，至今仍是个谜。虽然这些额外的物质并不直接在当今宇宙的普通事务中起作用，但它们似乎在宇宙大爆炸（Big Bang）后的片刻扮演了关键角色……但那就是另一个故事了。

图 11.1 中最右一列还展示了载力粒子。引力没有在表中显示出来，因为我们还没有一个引力的量子理论能良好地置于标准

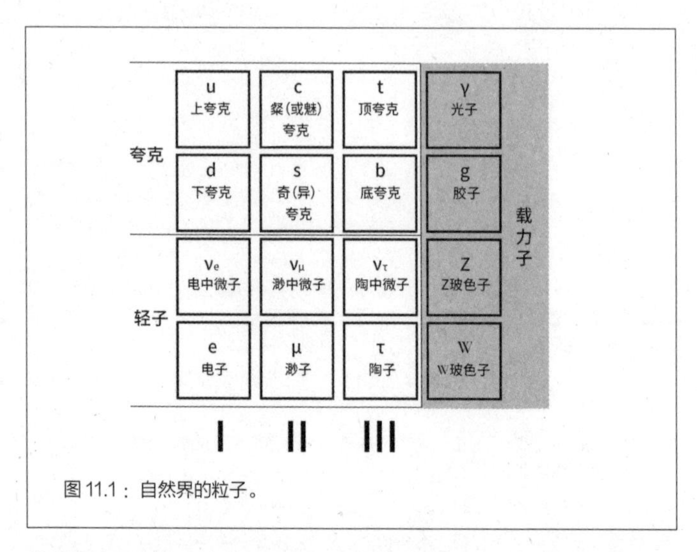

图 11.1：自然界的粒子。

模型的框架中。这并不是说，没有量子“引力”理论；弦理论

(string theory) 就是一种尝试，但迄今为止，它仅获得了部分成功。由于引力十分微弱，它在粒子物理实验中不发挥显著的作用，而出于务实考虑，我们就不再讨论它了。在上一章中我们了解到，光子是如何负责传递带电粒子间的电磁力的，以及光子的行为是由新的分枝规则来确定的。W 和 Z 粒子在弱相互作用中做相应的事情，由胶子（gluon）传递强相互作用。相互作用的量子描述之间的主要差异在于分枝规则的不同。事情（几乎）就是这么简单，而笔者在图 11.2 中画出了一些新的分枝规则。因与 QED 的相似，弱和强相互作用的基础很容易理解；我们仅仅

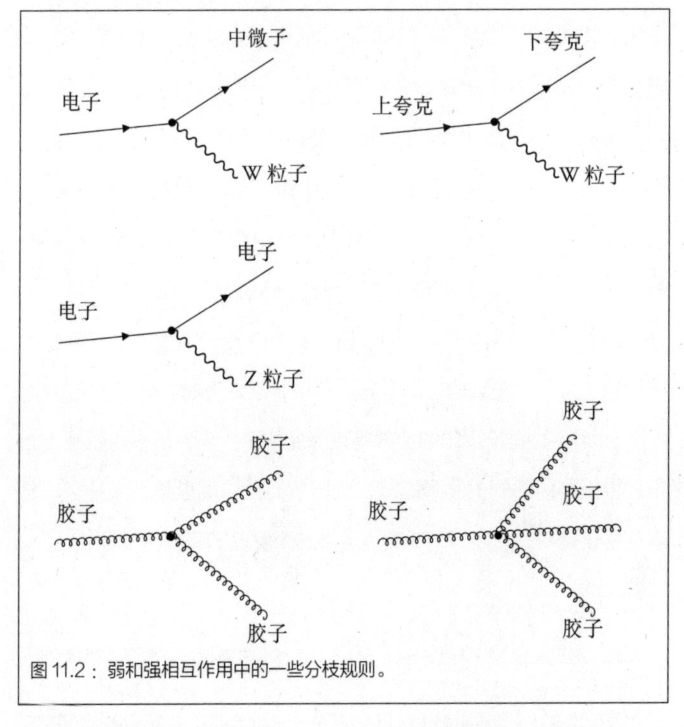

图 11.2：弱和强相互作用中的一些分枝规则。

需知道分枝规则，就能像上一章中对 QED 那样画出费曼图。幸

运的是，改变分枝规则会对物理世界产生各种不同的影响。

如果这是一本粒子物理教科书，笔者可能会继续概述图 11.2 中每一个过程的分枝规则以及更多。被称为费曼规则（Feynman rules）的这些规则可以让我们或计算机程序计算出物理过程发生的概率，类似于上一章我们对 QED 概述过的那样。这些规则抓住了世界的某种本质，而且令人愉快的是还可以用一些简单的图和规则进行总结。但本书不是粒子物理教科书，所以我们只要重点关注右上角的图，因为它描述了对地球生命极其重要的一条分枝规则。它显示了一个上夸克在发射出一个 W 玻色子后分枝成了一个下夸克；这个过程发生在太阳核心中，会产生巨大的效果。

太阳是一个由质子、中子、电子和光子组成的气态海洋，体积相当于 100 万个地球，并在自身引力作用下走向坍缩。极度压缩将太阳核心加热到 1500 万摄氏度，在此温度下质子开始融合，形成氦核。核聚变过程所释放出的能量增加了恒星外层的压力，使之与向内的引力平衡。我们将在尾声中深入讨论这种摇摇欲坠的平衡，但现在我们更想知道“质子开始融合”是什么意思。

这句话听起来简单，但在 1920 和 1930 年代太阳核心内聚变的确切机制是科学论战的一大辩题。英国科学家亚瑟·爱丁顿（Arthur Eddington）[i] 是提出太阳的能源是核聚变的第一人。但很快就有人指出，根据当时已知的物理定律，太阳核心的温度显然还太低，不足以产生核聚变。然而，爱丁顿执意抗言，发表了著名的反驳言论[ii]：

---

i　亚瑟·爱丁顿，1882 年生于肯德尔，1944 年卒于剑桥，英国天体物理学家、数学家。

ii　出自爱丁顿著《恒星内部结构》（1927 年初版）一书第 XI 章《恒星能量的来源》第 209 节。

“我们研究的这些氦一定是在某时某地被合成出来的。我们不与那些认为恒星温度不足以支持这一过程的批评者争论；我们要让其自行寻找更热的地方。”

问题在于，当两个位于太阳核心高速运动的质子靠近时，由于电磁力的作用（或者用 QED 的语言来说，由于交换光子），它们互相排斥。若要融合，需要靠得很近，直至差不多重合的程度；而爱丁顿及其同事都熟知，太阳质子的运动不够快（因为太阳的温度不够高），无法克服它们之间的电磁排斥。

这个谜题的解答是，W 玻色子会出手相救。在一段极短时间内，对撞中的一个质子可以将其包含的一个上夸克变成下夸克[i]，见图 11.2 所示的分枝规则。现在，由于新形成的中子不带电荷，它和剩下的质子可以非常靠近。用量子场论的语言来说，这

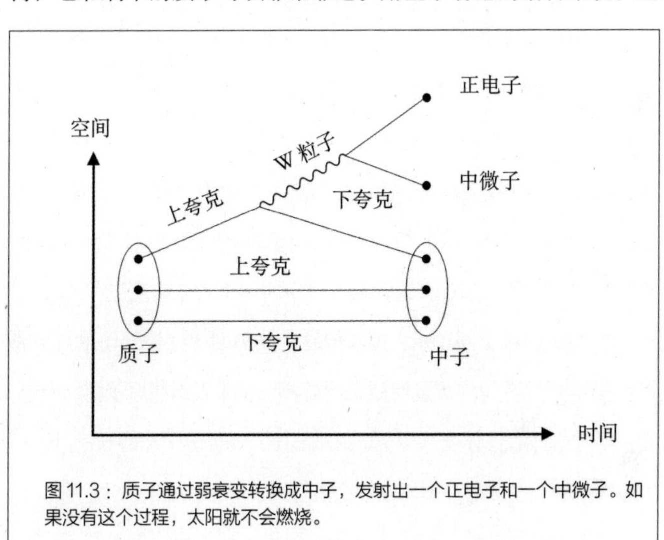

图 11.3：质子通过弱衰变转换成中子，发射出一个正电子和一个中微子。如果没有这个过程，太阳就不会燃烧。

---

i 根据夸克模型，质子由两个上夸克和一个下夸克构成，而中子由一个上夸克和两个下夸克构成。

意味着不会发生能将质子和中子推开的光子交换。质子和中子摆脱了电磁斥力，可以融合（由于强相互作用）形成一个氘核[i]，而这就能加速氦的形成，让恒星释放为生命提供希望的能量。这个过程展示在图 11.3 中；图中也表明，W 玻色子并不会存续很长时间，而是分枝成一个正电子核和一个中微子——这正是那些大量穿过你身体的中微子的来源。爱丁顿为太阳的动力来自聚变所做的好战辩护，尽管最后被证明是对的，但他当时对谜题的解法一无所知。最重要的 W 玻色子及其伙伴 Z 玻色子，最终于 1980 年代才在 CERN 被发现。

在结束对标准模型的简短勘察之前，我们再讨论一下强相互作用。在它的分枝规则中，只有夸克才能分枝成胶子。事实上，夸克发生这种分枝要比发生其他分枝的可能性大得多。发射胶子的这种秉性，是强相互作用名称的由来（胶子分枝的概率更大，是因为这种相互作用的强度也更大），也是胶子分枝能战胜电磁排斥力的原因，否则电磁排斥力就会使得带正电的质子炸开来。幸运的是，强相互作用范围不大。胶子在再次分枝之前，往往不能运动超过 1 飞米（10^{-15}m）远。质子可以穿行宇宙，而胶子的影响却如此短程的原因是，胶子也可以分枝成其他胶子，如图 11.2 中的最后两张图所示。胶子的这一能力使得强相互作用与电磁相互作用截然不同，并且有效地将强相互作用限制在原子核的内部。光子没有这样的自分枝，实在是福星高照，如果流向你的光子会被经过你视线的光子散射开来，你就无法看到眼前的世界了。我们能看到

---

i 氘也是一种氢元素，其核内含有一个质子与一个中子。核内只含一个质子的氢也叫作氕。

东西是一个奇迹，也生动地提醒我们，光子极少相互作用。

笔者还没有解释这些新规则的来历，也没有解释宇宙中为何有这些粒子。这么做是有理由的：我们并不真正知道这些问题的答案。电子、中微子和夸克作为构成我们宇宙的粒子，正是缓缓展开的太空大戏的主角。但迄今为止，关于演员们为何要这样站位，还没有一套令人信服的解释。

然而，我们能够确定的是，只要有了粒子的清单，则它们那些由分枝规则所描述的相互作用方式就成了我们可以预料到的一部分。分枝规则并不是由物理学者凭空臆测的；它们在任何情形中都能被预料到。因为能描述粒子相互作用的理论，应该是一套量子场论，并辅以一种叫规范对称性（gauge symmetry）的东西。讨论分枝规则的起源会偏离本书主线——但笔者确实希望重申，基本规则非常简单：宇宙由粒子构成，而粒子按为数不多的跃动和分枝规则四处运动并相互作用。我们可以接受这些规则，并依照它们将一些钟加起来，从而计算“某事”确实发生的概率——“某事”可能发生的每一种方式都对应一块钟。

质量的起源

粒子可以分枝与跃动的观念，引领我们进入量子场论的领域，而跃动和分枝几乎就是量子场论的一切。然而，我们之前对质量的讨论一直含糊其词，因为这才是大轴好戏。

当代粒子物理学的目标之一是回答“质量的起源是什么”这一问题，而这个回答要借助一种优美而微妙的物理学理论和一种“新的粒子”——新的意思是，不仅我们尚未在本书中遇到它，在地球上也没有人曾“当面”遇到它。这种粒子被称为希格斯玻色子，而LHC已经牢牢盯上了它。在本书于2011年9月写作之时，LHC的数据中或许已经出现了希格斯类似物的惊鸿一瞥，但还没有足够的事例[i]来做出判断。在你阅读本书时，情况很可能已经有了变化，而希格斯粒子会成为现实[ii]。也可能会是，在进一步的审视之下，感兴趣的信号最终消失了。关于质量起源的问题，除了对“质量是什么”的求知欲，激动人心之处在于，其答案本身也极其有意思。现在我们来更详细地解释一下，这个构造得晦涩而招人反感的句子。

当我们讨论QED中的光子和电子时，曾经介绍了它们各自的跃动规则，并指出它们不一样；我们用符号P(A，B)表示和电子自A跃至B有关的规则，用符号L(A，B)表示光子的相应规则。现在是时候研究这两种情形下的规则为何不同了。首先区别来源于电子有两种不同的类型（我们知道，它们能以两种不同的方式“自旋”），而光子有三种，但我们在这里并不关心这些特殊的区别。还有另一种区别，就是电子有质量，而光子没有——这是我们要探讨的。

图11.4展示了思考有质量粒子传播的一种方式。在图中，一个粒子从A分阶段跃至B。它先从A到位置1，从位置1到位置2，依此类推，直到它最终从位置6跃至B。有趣的是，这样写的话，每次跃动的规则就是零质量粒子的规则，但还有

---

i 一个“事例”就是一次质子—质子对撞。因为基础物理学是一种计数的游戏（它靠概率干活），需要不断让质子对撞，以积累足够数量的罕见事例，而希格斯粒子就是这样产生的。足够的数量是多少取决于实验者对于消除假信号的技巧有多么自信。（原书注）

ii 希格斯玻色子已于本书完成后的2012年在LHC中被宣布发现了。

一事要特别注意：每次粒子改变方向时，就须应用一条新的收缩规则，收缩的量与我们描述的粒子质量成反比。这就意味着，在每一个折点，较重粒子的钟都会收缩得比较轻粒子的要少。需要特别强调的是，这不是一个临时补救方案，“之”字形移动和收缩都是直接从费曼规则中得到的，没有任何进一步假设[i]。图 11.4 显示的，只是重粒子自 A 到达 B 的一种方式，即通过六个折点和六个收缩因子。要得到与有质量粒子自 A 跃至

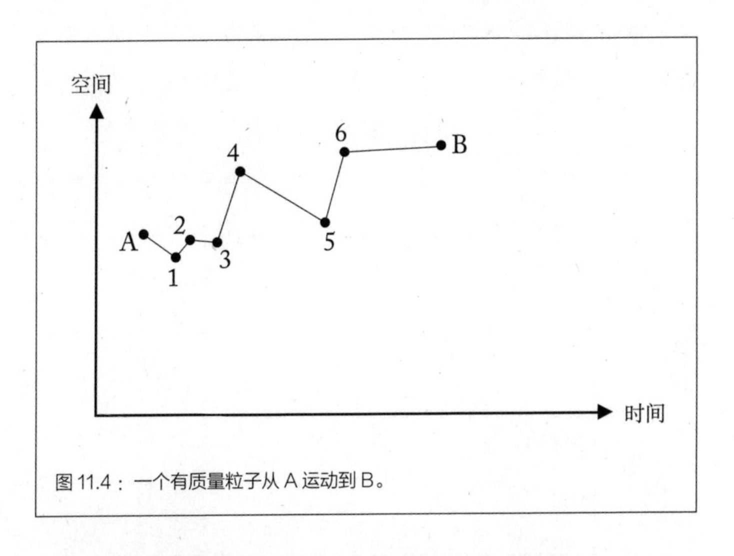

图 11.4：一个有质量粒子从 A 运动到 B。

B 相关联的最终的钟，我们必须一如既往地考虑粒子沿“之”字自 A 到达 B 的所有可能方式，并把与它们相关联的无穷块钟

---

i 我们能把一个有质量的粒子看成是带上了“折点”规则的无质量粒子，是因为这样一个事实：

P(A，B)=L(A，B)+L(A，1)L(1，B)S+L(A，1)L(1，2)L(2，B)S^2+L(A，1)L(1，2)L(2，3)L(3，B)S^3+…，

其中 S 是与折点有关的收缩系数，并且这个式子应理解为，对所有可能的中间位置 1、2、3 等的求和。（原书注）

都加在一起。最简单的路线是直线，没有折点；但有大量折点的路线也需要考虑进来。

对于质量为零的粒子，与每个折点关联的收缩因子都是一个杀手，因为它无穷大。换句话说，在第一个折点之后，钟的大小就要收缩到零。因此，唯一适合无质量粒子的路线就是直达路线——根本不存在与任何其他路线相关联的钟。这正是我们所期望的：可以对无质量粒子使用无质量粒子的跃动规则。然而，对于质量非零的粒子，允许有折点，尽管如果粒子很轻，则收缩因子将严重削弱含有很多折点的路径。反之，重粒子经过折点后不会被削弱太多，因此在对它们运动的描述中，含有较多“之”字的趋势。这似乎暗示，重粒子真的应该被看作从 A 到 B 走“之”字的无质量粒子。“之”字的数量就是我们所说的“质量”。

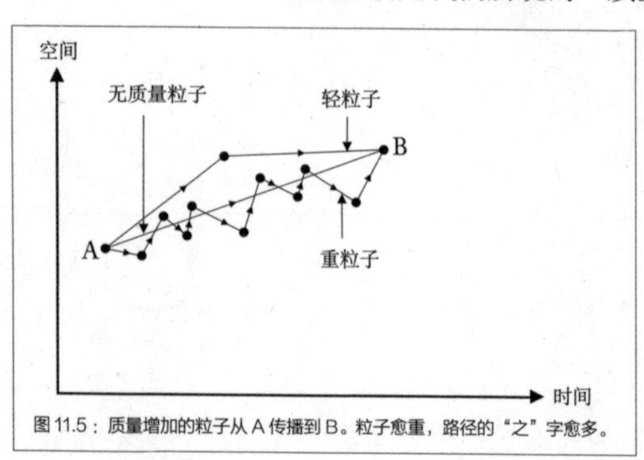

图 11.5：质量增加的粒子从 A 传播到 B。粒子愈重，路径的“之”字愈多。

这一切都很不错，因为对于有质量粒子，我们有了一种新的思路。图 11.5 展示了三个质量递增的粒子从 A 到 B 的传播。在每种情况下，有关两个相邻折点之间路径的规则，都和无质量粒子的一样；而对于每个折点，都要执行“钟的收缩”的规则。我们现在还不能过于激动，因为还没有真正解释任何基本的东西。目前所做的，只是把“质量”一词，换成“走‘之’字的趋势”。可以这样替换，是因为它们同为对有质量粒子传播的描述，并且在数学上等价。但即便如此，新的表述还是让人觉得有趣，并且我们接下来会发现，它可能不仅仅是数学上的有趣发现。

现在我们要进入推测的领域——尽管当你读到本书时，笔者要概述的理论或许已经得到了验证。LHC 目前正忙于将质子对撞，总能量达到 7 TeV。“TeV”代表太电子伏特（tera electron volt），相当于一个电子通过 7 万亿伏特电势差加速后所获得的能量。要形象描述这个能量有多大的话，它大约是大爆炸后的一万亿分之一秒时，宇宙中亚原子粒子的能量；它也足以凭空产生出相当于 7000 个质子的质量（根据爱因斯坦的 $E=mc^2$）。而这仅仅是设计能量的一半；如果需要，LHC 还能再加把油。

全球 85 个国家共同建造和进行了这项规模浩大、目标大胆的实验，其主要目的之一就是为了寻找基本粒子质量的产生机制。关于质量起源，最被广泛接受的理论，是通过对“之”字前进方式作出解释而完成的：它假设有一种新的基本粒子，其他粒子在穿越宇宙的过程中会“撞上”它。

这个粒子就是希格斯玻色子。根据标准模型，如果没有希格斯粒子，基本粒子在跃动中不再走“之”字，宇宙将会是非常不同的。但如果用希格斯粒子充满虚空，则可以起到偏转粒子的作用，使其“之”字前进；如前所述，这就衍生出了“质量”。它颇像是试图走过拥挤的酒吧——在人群中游泳前进，最后通过“之”字路径到达吧台。

希格斯机制以工作于爱丁堡的理论物理学家彼得·希格斯[i]

i　彼得·希格斯，1929 年生于英国泰恩河畔纽卡斯尔，英国理论物理学家。

(Peter Higgs）的姓氏命名，于 1964 年被引入粒子物理学。这个想法在当时显然已经十分成熟，因为有好几个人都在同一时间提出了这个想法——当然包括希格斯，也有在布鲁塞尔工作的罗伯特·布罗特[i]（Robert Brout）和弗朗索瓦·恩格勒[ii]（François Englert），以及伦敦的杰拉德·古拉尼[iii]（Gerald Guralnik）、卡尔·哈庚[iv]（Carl Hagan）以及汤姆·基博尔[v]（Tom Kibble）。他们的工作本身就基于早先许多其他人的努力之上，包括海森伯、南部阳一郎[vi](Yoichiro Nambu)、杰弗里·戈德斯通[vii](Jeffrey Goldstone)、菲利普·安德森[viii](Philip Anderson）和温伯格。希格斯机制的完整实现，并不比粒子物理学的标准模型逊色，并使得谢尔登·格拉肖[ix](Sheldon Glashow)、阿卜杜勒·萨拉姆[x](Abdus Salam）和温伯格获得 1979 年的诺贝尔奖。这个想法很简单：虚空不空，这给“之”字前行以及质量提供了可能。但显然还有一

---

i 罗伯特·布罗特，1928 年生于美国纽约，2011 年卒于比利时布鲁塞尔，比利时理论物理学家。

ii 弗朗索瓦·恩格勒，1932 年生于埃特尔贝克，比利时理论物理学家。

iii 杰拉德·古拉尼，1936 年生于美国艾奥瓦州锡达福尔斯，2014 年卒于罗得岛州普罗维登斯，美国理论物理学家。

iv 卡尔·哈庚，1937 年生于芝加哥，美国物理学家。

v 汤姆·基博尔，1932 年生于今天的印度泰米尔纳德邦金奈，2016 年卒于英国伦敦，英国理论物理学家。

vi 南部阳一郎，1921 年生于日本东京，2015 年卒于日本大阪府丰中市，日裔美籍物理学家。

vii 杰弗里·戈德斯通，1933 年生于英国曼彻斯特，英籍理论物理学家。

viii 菲利普·安德森，1923 年生于美国印第安纳波利斯，2020 年卒于普林斯顿，美国理论物理学家。

ix 谢尔登·格拉肖，1932 年生于麻省布鲁克莱恩，美国理论物理学家。

x 阿卜杜勒·萨拉姆，1926 年生于今天的巴基斯坦章市，1996 年卒于英国牛津，巴基斯坦籍理论物理学家。

些解释工作要做。虚空怎么可能塞满了希格斯粒子——我们在日常生活中难道不会注意到这一点，并且这种奇怪的状态又是如何出现的呢？这个命题听起来实在是铺张浪费。另外，我们也没有解释，为何某些粒子（如光子）没有质量，而另一些（如 W 玻色子和顶夸克）的质量却与银或金原子的质量相当。

这第二个问题，至少在表面上比第一个更容易回答。粒子之间只会通过分枝规则来相互作用，而希格斯粒子也不例外。顶夸克的分枝规则，包含了它与希格斯粒子的可能耦合（couple），而相应的钟缩（记住，所有的分枝规则都含有收缩因子）和较轻夸克的钟缩相比要小得多。这就是“为何”顶夸克比上夸克要重得多。当然，这并没有解释分枝规则为何如此。令人遗憾的是目前的答案只是“因为它就是这样”。这就和“为何有三代粒子”或者“为何引力这么弱”的问题一样。与顶夸克不同的是，光子没有与希格斯粒子耦合的分枝规则，因此也不与希格斯粒子相互作用。这又意味着，光子不走“之”字，且没有质量。尽管从某种意义上来说，我们稍微推卸了责任，但这的确像是质量的某种解释；如果我们果真在 LHC 中探测到了希格斯粒子，并确认它们以这种方式与其他粒子耦合，则我们就能正式宣布，对大自然的运作方式获得了激动人心的洞见。

剩下的第一个问题解释起来比较麻烦：就是说，虚空怎么会充满了希格斯粒子呢？作为准备，我们需要非常清楚一件事情：量子物理学意味着，不存在虚空这种东西。其实，我们所说的“虚空”，是一锅沸腾的亚原子粒子汤，没有办法将其清理干净。一旦意识到这一点，要接受虚空可能充满希格斯粒子的说法，就不再需要高超的智力了。让我们一步一步来。

你可以想象外太空深处的一块微小区域，宇宙中的孤独角落，离任何星系都有数百万光年远。随着时间的流逝，粒子将不可阻止地凭空出现并随即消失。为何如此？因为粒子-反粒子对的产生（creation）和湮灭（annihilation）是规则所允许的。在图10.5的下方图中可以找到一个例子：想象把电子圈以外的部分都去掉，剩下的图就对应于电子-正电子对自发地无中生有，并随即重归于无。因为画出一个圈图并不违反QED的任何规则，我们必须承认，这是一种真实的可能性；记住，只要可能都会发生。产生电子-正电子对，这种特殊的可能性，只是虚空嘶嘶冒泡的无数种方式中的一种。由于我们生活在量子宇宙中，正确的做法是将所有可能性加在一起。换句话说，真空的结构极其丰富；它由粒子可以出现和消失的所有可能方式组成。

上一段引入了真空不空的观念；我们描绘的图景非常民主，所有的基本粒子在其中都发挥了作用。那么希格斯粒子的特别之处又在哪里呢？如果真空不过是物质-反物质产生和湮灭的翻滚高汤，那么所有的基本粒子还是会继续保持零质量——量子圈本身并不会提供质量[i]。因此，我们还需要用一些别的东西来填充真空，这就需要用到希格斯粒子。彼得·希格斯只是规定，虚空挤满了希格斯粒子[ii]，而并不觉得有义务对其原因作出深刻的解释。真空中的希格斯粒子确保了走“之”字的机制，它们加班加点地工作，和宇宙中每一个有质量的基本粒子相互作用，选择性地延缓其运动以产生质量。普通物质和充满希格斯粒子的真空相互作

i 这一点很微妙，源自“规范对称性”，它是基本粒子分枝和跳跃规则的基础。（原书注）

ii 他非常谦逊，并不愿意用这个名字来称呼它们。（原书注）

用的最终结果是，原本没有结构的世界活了起来，变成了一个由恒星、星系和人组成的多样而奇妙的地方[i]。

当然，最大的问题还是那些希格斯粒子是从哪里来的？答案并不十分清楚，但有人认为它们是发生在大爆炸后不久、所谓相变（phase transition）的残留。如果你有耐心，能在冬夜气温下降时观察窗玻璃，就会看到冰晶的结构之美，就像魔法一样，从夜晚空气中水蒸气里被变了出来。在冷玻璃上，从水蒸气到冰的转变就是一种相变——水分子重新排列成冰晶体；由于温度下降，没有固定形状的蒸汽云发生对称性自发破缺。冰晶形成，是因为它在能量上更有优势。就像球从山上滚下来，在山谷中占据较低的能量；或者电子在原子核周围重新排列，形成将分子固定住的化学键一样，雪花形成其雕琢之美，是因为和没有固定形状的蒸汽云相比，这种水分子构型具有的能量更低。

我们认为，在宇宙历史的早期也发生过类似的事情。随着新生宇宙中的炽热粒子气体膨胀并冷却，不含希格斯粒子的真空在能量上的劣势暴露了出来，因此充满希格斯粒子的真空就成为自然的状态。这确实类似于水凝结成水滴，或冰在寒冷的窗玻璃上形成的过程。当水滴在窗玻璃上凝结时，它们形成的自发性确实给人一种印象，就是它们是凭“空”产生的。希格斯粒子也是类似，在大爆炸之后的高温阶段，真空中转瞬即逝的量子涨落（那些费曼圈图）沸腾翻滚，粒子和反粒子无中生有并重归于无。然而，随着宇宙的冷却，突然发生了一些激烈的事情：就像水滴出

---

i 这里对希格斯粒子的作用有些夸大了。例如，质子和中子的大部分质量都不是由希格斯机制贡献的，见下文。又如，暗物质对星系形成至关重要，而目前没有证据表明，它的质量也是由这种希格斯粒子贡献的。

现在窗玻璃上一样，希格斯粒子发生了“凝聚”（condensate）；它们通过其相互作用，聚集在短暂形成的真空悬浊物之中，而其他粒子则通过它传播。

真空中充满物质的观念表明，我们和其余的世间万物，都在一个巨大的凝聚体中活动；它随着宇宙的冷却而出现，譬如朝露。为避免认为真空只被希格斯粒子的凝聚所占据，笔者还要指出，真空并不仅仅如此。随着宇宙进一步冷却，夸克和胶子也发生凝聚，产生出被自然地称为“夸克和胶子凝聚的现象”。这些存在也已被实验充分证实，它们在我们对强相互作用的理解中发挥着非常重要的作用。事实上，正是这种凝聚，产生了质子和中子的绝大部分质量。然而，希格斯真空负责产生基本粒子——夸克、电子、渺子、陶子，以及W和Z粒子被观测所得的质量。夸克凝聚在解释一簇夸克结合形成质子或中子时起作用。有趣的是，虽然希格斯机制对于解释质子、中子和更重的原子核的质量不那么重要，但在解释W和Z粒子的质量时情况则相反。对这两个来说，在没有希格斯粒子时，夸克和胶子凝聚会产生1 GeV[i]左右的质量，但它们在实验中测得的质量却是这个值的近100倍。LHC被设计为在W和Z粒子的能量区域运行，它在这里可以探索赋予后者相对较大质量的机制。不管那是人们所热切期待的希格斯粒子，还是某些迄今未曾梦想的东西，只有时间和粒子对撞才能告诉我们。

我们给这些事物补充一些相当惊人的数字：虚空中由于夸克和胶子凝聚而储存的能量，达到惊人的10^{35}焦耳[ii]每立方米，而

---

i 这是10^9电子伏特，约等于质子和中子的质量。

ii 得名于詹姆斯·焦耳，1818年生于英国索尔福德，1889年卒于今天的特拉福德，英国物理学家、数学家和酿酒师。

希格斯凝聚所产生的能量比这个数大 100 倍。加在一起，就是我们的太阳在一千年内产生的能量之和。准确地说，这是“负”能量，因为真空的能量比完全不含粒子的宇宙还要低。出现负能量，是因为凝聚体形成中释放了结合能。它本身并不神秘，没比需要能量才能把水煮沸（从而逆转从气体到液体的相变）这一事实更迷人。

然而，神秘的是，如果对虚空中每立方米上这么巨大的负能量密度照单全收，就会产生毁灭性的宇宙膨胀，以至于从来不会有任何恒星或人类能够形成。宇宙会在大爆炸后很快就胀裂自身。如果我们把粒子物理学对真空凝聚的预测直接带入爱因斯坦的引力方程，并应用于宇宙整体，就会出现这个结果。这个恶毒的谜题被称为宇宙学常数（cosmological constant）问题，它仍然是基础物理学的核心问题之一。当然，这表明我们在宣称真正理解真空和 / 或引力的本性之前得非常小心。有一些极其基本的东西，我们仍然尚不了解。

有了这句话，我们的故事就要结束了，因为我们已经到达了知识的边缘。已知领域并不是科研工作者的舞台。如我们在本书开头所看到的那样，量子理论以其困难性和完全对立的怪异性而著称；它对组成物质的粒子行为的掌控是相当宽松而自由的。但笔者所描述的一切，除了这最后一章的内容，都已被专业人士所广泛了解和理解。我们跟随着证据而非常识被引向了一个理论，它显然能描述极广泛的现象，从热原子发出的彩色条纹，到恒星内部的核聚变。将这一理论付诸应用，得到了 20 世纪最重要的技术突破——晶体管；如果没有量子世界观，就无法解释这个装置的运作。

但量子理论远不止是单纯在解释能力上的胜利。在量子理论与相对论的包办婚姻中，反物质作为理论上的必需品出现，并不出所料地被发现。自旋，作为亚原子粒子的基本特性，以及支撑原子稳定性的基础，同样是为满足理论一致性而得到的理论预言。而现在，在第二个量子世纪，大型强子对撞机航向未知的海域，探索真空本身。这就是科学的进步；谨慎地逐步建构一套传统，用以解释和预测现象，并改变我们的生活方式。而这正是科学与其余一切的区别。它并不简单地是另一种观点；它揭示出一种不可想象的现实，即使对那些想象力最扭曲、最超现实的人也是这样。科学是对现实的研究，而如果现实是超现实的，那就这样吧。没有别的例子比量子理论更能展示科学方法的力量了。如果没有最严谨细致的实验，就没有人能想出它；而建立它的理论物理学者，为了能解释眼前的证据，也要能够暂时舍弃其内心深处舒适区中的信念。也许真空能量的谜题预示着新的量子旅程，也许 LHC 会提供新的、费解的数据，也许本书中的所有东西都会被证明只是某种更深刻图景的近似；这趟理解我们量子宇宙的激动人心的旅程还在继续。

当我们开始考虑编写本书时，我们花了一点时间来争论如何结束它。我们希望找到一个例子，来展现量子理论的智识和实践的力量，并让最有疑虑的读者也能相信，科学确实能以精致的细节描绘出世界的运作方式。我们都同意这样的例子是存在的，但它的确涉及一些计算——我们已经尽最大努力，使你不必仔细研究方程，也能跟上推理；但确实得有所预警。我们的书到此为止。如果你还想再来一点，我们认为，接下来的这些是量子理论力量的最壮美的展示。祝你好运，旅途愉快。

结语：恒星之死

当恒星死亡时，许多恒星最终会变成极其致密的核物质球，与电子的海洋混合在一起，被称为“白矮星”。这将是我们的太阳在 50 亿年后耗尽核燃料时的命运，也是银河系中 95% 以上恒星的命运。只需用纸笔和一点思考，就能计算出这些恒星的最大质量。于 1930 年第一次完成这项计算的是苏布拉马尼扬 · 钱德拉塞卡，他使用量子理论和相对论做出了两项非常明确的预测。其一，不出意外会有白矮星这样的东西：一个因泡利不相容原理而抵抗住自身引力挤压的物质球。其二，如果把注意力从那张涂满整篇的理论草稿纸上移开，抬头凝视夜空，那么我们应该绝不会发现质量超过 1.4 倍太阳质量的白矮星。这些都是极其大胆的预测。

今天，天文学者已经将约 10 000 颗白矮星编入目录。大部分的质量在 0.6 倍太阳质量左右，而质量的最大纪录正好低于 1.4 倍太阳质量。“1.4”这个数字，是科学方法的胜利。它依赖于对核物理、量子物理和爱因斯坦狭义相对论的理解，是 20 世纪物理学交叉分枝的成果。要算出它，还需要在本书中曾遇到过的大自然的各基本常数。在本章结束时，你会了解到，最大质量是由

这个比率

$$(\frac{hc}{G})^{\frac{3}{2}}\frac{1}{{m_p}^2}$$

所决定的。仔细看看我们刚刚写下的东西：它由普朗克常数、光速、牛顿引力常数和质子质量所决定。我们可以用基本常数的这个组合来预测一颗垂死恒星的质量上限，这是多么美妙。在比率 $(\frac{hc}{G})^{\frac{1}{2}}$ 中，出现了引力、相对论和作用量量子的三方组合；它称为普朗克质量，而代入数值后，它大约55微克，大致是一粒沙子的质量。所以，令人震惊的是，钱德拉塞卡质量是在对两种质量的沉思中得出的，一种是一粒沙的质量，另一种是一个质子的质量。从这样微小的数字中，出现了一个新的大自然的质量尺度：一颗垂死恒星的质量。

关于钱德拉塞卡质量是如何得出的，笔者可以做一份宽广的概述，但我们想要做得更多一点：我们想要描述实际的计算，因为这才能真正让人脊背发凉。我们无法算出精确的数字（1.4倍太阳质量），但可以接近它，并看到专业物理学者如何使用一系列精心设计的逻辑步骤，在过程中引用人所皆知的物理学原理，得出深刻的结论。并不会有信仰之跃；相反，我们将保持头脑冷静，缓慢而不可阻挡地被引向最激动人心的结论。

我们的出发点是："恒星是什么？"一个非常近似的说法，可见宇宙是由氢和氦组成的，它们是大爆炸后最初几分钟内形成的最简单的两种元素。经过大约五亿年的膨胀，宇宙的温度已经足够低，气体云中密度稍高的区域可以在自身引力的作用下开始团聚成块。这些就是星系的种子，在其中较小的团块内，第一批恒星开始形成。

这些第一批原恒星（proto—star）中的气体，随着自身的坍缩而变得愈来愈热。用过自行车打气筒的人都知道，压缩气体会使其变热。当气体温度达到 100 000 摄氏度左右时，电子就不能再保持在氢和氦核的轨道上，原子就被撕裂，留下由裸原子核和核电子组成的热等离子体[i](plasma)。炽热气体试图向外膨胀，抵抗进一步坍缩；但对于足够大的团块，引力会胜出。由于质子带正电荷，它们会互相排斥；但随着引力坍缩继续，温度不断升高，质子的运动速度会愈来愈快。最终，在几百万摄氏度的温度下，质子的运动速度足够快，足以使它们充分靠近，而弱相互作用开始发挥作用。这时，两个质子就可以发生反应；其中一个质子自发转变成中子，同时发射出一个正电子和一个中微子（和 207 页图 11.3 中描绘的完全一样）。摆脱了电排斥作用，质子和中子就能在强相互作用下结合，产生氘核。这个过程会释放出巨大的能量，因为就像氢分子的形成一样，把东西结合在一起会释放出能量[ii]。

以日常标准来看，一次核聚变释放的能量并不多。100 万次质子 - 质子核聚变所产生的能量，大约相当于一只飞行蚊子的动能，或者一只 100 瓦灯泡在一纳秒内辐射的能量。但是，这在原子尺度上就是巨大的，并且请记住，我们是在讨论一团坍缩气体云的稠密核心，其中每立方厘米有约 10^{26} 个质子。如果一立方厘米内的所有质子都融合成氘核，就会释放出 10^{13} 焦耳的能量，足以为一座小镇供电一年。

---

i　又称电浆。

ii　较轻的原子核聚变会放出能量，而较重的原子核聚变会吸收能量。

两个质子融合成一个氘核，是聚变大串联的开始。氘核本身也希望与第三个质子融合，造出轻量版氦核（称为氦 -3），并释放出一个光子；而这些氦核结对，聚变生成一个普通版氦核（称为氦 -4），并释放出两个质子。在每个阶段，聚变释放出愈来愈多的能量。而且，作为一个不错的衡量标准，在链式反应开始时就发射出来的正电子，也迅速与周围等离子体中的一个电子湮灭，生成一对光子。所有这些释放出来的能量，造就了一团由光子、电子与原子核构成的炽热气体，撑起了落向中心的物质，阻止了进一步的引力坍缩。这就是一颗恒星：核聚变在核心燃烧核燃料，这就产生了向外的压力，使恒星从引力坍缩中稳定了下来。

当然，可供燃烧的氢燃料有限，最终会耗尽。如果不再有能量释放，就不再有向外的压力；引力再次主导变化，而恒星恢复了被推迟的坍缩。如果恒星质量足够大，恒星将加热到约 1 亿摄氏度左右的温度。在这个阶段，氢燃烧阶段产生的废物氦被点燃，聚变产生碳核氧，引力坍缩再次暂时停止。

但如果恒星质量不足以启动氦聚变会怎么样？对于质量小于太阳质量一半的恒星就会如此；对于它们，会发生一些非常戏剧性的事情。恒星在收缩过程中被加热，但在核心到达 1 亿摄氏度之前，有其他东西阻止了坍缩。这个东西就是电子由于受泡利不相容原理的控制而施加的压力。前面学到，泡利原理对理解原子如何保持稳定至关重要，它是物质特性的基础。这里是它的另一重功效：泡利原理解释了致密星的存在，尽管它们不再燃烧任何核燃料。这是怎么做到的呢？

随着恒星被压扁，其中的电子也被限制在更小的体积内。可以用恒星内电子的动量 p 和与之关联的德布罗意波长 h/p 来表示它。具体来说，这个粒子只能用一个至少与其波长一样大的波包来描述[i]。这意味着，当恒星密度足够大时，电子一定是相互重叠的，即我们不能想象它们是由孤立的波包所描述。这又意味着量子力学效应，特别是泡利原理，对于描述电子非常重要。具体来说，它们被紧密挤压在一起，以至于两个电子试图占据同一空间区域；由泡利原理可知，它们会抵抗这一点。因此，在垂死的恒星中，电子希望相互避开，这可以提供一种抵抗进一步引力坍缩的刚性。

这是最轻恒星的命运，而像太阳这样的恒星呢？在几段之前我们描述过，它们会将氦烧成碳和氧。但当它们的氦也耗尽时会怎么样呢？它们也得在自身引力作用下开始坍缩，这意味着电子会被挤压到一起。就像较轻的恒星一样，泡利原理最终会发挥作用，阻止坍缩。但是，对于质量极大的恒星来说，即使泡利不相容原理也有其局限性。随着恒星坍缩，电子被挤压得愈来愈近，因此恒星核心被加热，电子运动得更快。当恒星质量足够大时，电子的运动速度极快，接近光速，这时就会出现新的情况。当电子接近光速时，它们能施加的抵抗引力的压力就会减小，以至于无法抵抗。它们不再能战胜引力并阻止坍缩。我们在这一章的任务就是计算这种情况会在何时发生，并且已经给出了重点。对于质量大于 1.4 倍太阳质量的恒星，电子输了，引力获胜。

这些就是对我们计算的基础的概述。现在我们可以往下走，

---

i　回忆第五章中，动量确定的粒子其实是由一列无穷长的波来描述；如果允许波长有一定的展宽，就可以开始局域化粒子。但这只能走到这一步；谈论具有确定波长并局域至比这个波长还小的尺度内的粒子是没有意义的。（原书注）

并忘掉所有核聚变的事情，因为我们的兴趣已经不在燃烧的恒星上了。相反，我们希望了解死亡恒星内部的情况。想要知道，被挤压的电子所产生的量子压力是如何平衡引力，以及如果电子运动速度过快，这种压力是如何变小的。因此，我们研究的中心是一个平衡游戏：引力与量子压力的对决。如果能使其平衡，就能得到白矮星，但如果引力获胜，就会发生灾难。

虽然与计算无关，但我们不能在紧要关头置之不理。一颗大质量恒星内爆后，它还有两种选择。如果它质量不太大，则恒星会继续挤压质子和电子，直到它们也融合产生中子。具体来说，一个质子和一个电子自发转变成一个中子，并发射出一个中微子；这同样是通过弱相互作用完成。这样，恒星就无情地转化成一个由中子构成的小球。用俄国物理学家列夫·朗道[i](Lev Landau）的话来说，恒星转化成“一个巨大的原子核”。朗道在他 1932 年的著作《论恒星的理论》中写下了这些话，就在这书交稿印刷的同一个月，詹姆斯·查德威克[ii]（James Chadwick）发现了中子。如果说朗道预言了中子星的存在，可能言过其实；但是，他以超凡的先见之明，肯定预见到了什么类似的东西。也许功劳该归于沃尔特·巴德[iii](Walter Baade）和弗里茨·兹威基[iv](Fritz

---

i　列夫·朗道，1908 年生于今天的阿塞拜疆巴库，1968 年卒于今天的俄罗斯莫斯科，苏联理论物理学家。下面引用的论文以英文发表于 1932 年《苏联物理学期刊》第 1 卷第 285 页。

ii　詹姆斯·查德威克，1891 年生于英国波林顿，1974 年卒于剑桥，英国物理学家。

iii　沃尔特·巴德，1893 年生于今属德国北莱茵—威斯特伐利亚州的施勒廷豪森，1960 年卒于哥廷根，德国籍天文学家。

iv　弗里茨·兹威基，1898 年生于今天的保加利亚瓦尔纳，1974 年卒于美国加州帕萨迪纳，瑞士籍天文学家。下面引用的论文发表于 1933 年的《物理学评论》第 46 卷第 76 页。

Zwicky)，他们于次年写道："我们慎重地提出这个观点：超新星[i]（supernova）表示普通恒星向中子星的转化；在最终阶段，它由极紧密的中子所组成。"人们认为这个观点极其古怪，以至于有人在《洛杉矶时报》上发表了戏仿漫画（见图 12.1）。直到 1960 年代，中子星仍只是理论上的有趣发现。

图 12.1：1934 年 1 月 19 日《洛杉矶时报》上的漫画。

---

i 是一种剧烈及明亮的恒星爆炸，发生于大质量恒星的演化末期，或发生失控核反应的白矮星或中子星。

1965年，安东尼·休伊士[i]（Antony Hewish）和塞缪尔·奥科耶[ii]（Samuel Okoye）发现了"蟹状星云中一个不寻常的高射电亮度温度（radio brightness temperature）源的证据"，尽管他们未能确定这是一颗中子星。支持这一结论的证据于1967年由约瑟夫·什克洛夫斯基[iii]（Iosif Shklovsky）发表，以及不久之后，经过更详细的观测，由约瑟琳·贝尔[iv]（Jocelyn Bell）和休伊士本人再次发表。作为宇宙中最奇特的天体之一，这第一颗中子星，后来被命名为"休伊士－奥科耶脉冲星[v]（pulsar）"。有趣的是，早在一千年前，那颗创造了休伊士－奥科耶脉冲星的超新星就曾经被天文学家观测到。1054年的这颗有史以来最亮的超新星被中国天文学家观测到[vi]，以及如一幅著名的悬崖壁画所示，也被美国西南部、查科峡谷[vii]的居民观测到。

我们还没有谈到，这些中子是如何抵抗引力并防止进一步坍缩的，但你大概能猜到是怎么回事。中子（类似电子）受泡利原理奴役，它们也能阻止进一步的坍缩。所以就像白矮星一样，中

---

i　安东尼·休伊士，1924年生于英国弗维宜，英国射电天文学家。

ii　塞缪尔·奥科耶，1939年生于今天的尼日利亚阿比亚州乌穆阿希亚，2009年卒于英国伦敦，尼日利亚籍英籍射电天文学家。下面引用的是发表于1965年《自然》期刊第207卷第59页的论文。

iii　约瑟夫·什克洛夫斯基，1916年生于今天的乌克兰格卢霍夫，1985年卒于今天的俄罗斯莫斯科，苏联天文学家和天体物理学家。他的相关论文于1967年发表在《天体物理学期刊》第148卷第L1页。

iv　约瑟琳·贝尔，1943年生于北爱尔兰鲁根，英国天体物理学家。她和休伊士等人的相关论文于1968年发表于《自然》期刊第217卷第709页。

v　脉冲星（pulsar）是具有强磁场的旋转中子星，沿其磁极发出电磁辐射，能在地球上被周期性地探测到。

vi　载于《宋会要》《宋史》等。

vii　位于新墨西哥州北部，在这一时期居住着古普韦布洛人。

子星也代表了恒星生命可能的终点。就我们的故事而言，中子星是一条岔路；但不能不提到，中子星是我们奇妙宇宙中的一些非常特殊的物体：它们是城市大小的恒星，密度大到一茶勺的量就有一座山那么重，完全由自旋 1/2 粒子间的天然厌恶所支撑。

对于宇宙中质量最大的恒星，连其中的中子都已接近光速运动，就只剩下了一个选择。灾难等待着降临到这样的巨星，因为中子已经无法产生足够的压力来抵抗引力。目前已知的物理机制还无法阻止一个超过三倍左右太阳质量的恒星向自身塌陷，最终就成了黑洞（black hole）：一个众所周知物理定律崩坏的地方。大自然的法则大概不会停止运行，但要正确理解黑洞内部，需要一个引力的量子理论，它现在还不存在。

现在是时候回到正题，专注于我们的双重目标了：证明白矮星的存在，并计算钱德拉塞卡质量。我们知道要如何做：必须平衡电子压力与引力。这仅用头脑可计算不出来，所以制订一个行动方案比较好。下面就是方案；它相当长，因为我们要先弄清一些背景细节，为实际计算做好准备。

第一步：需要确定在恒星内部由于电子高度压缩而产生的压强是多少。你可能会奇怪，为什么我们不担心恒星内部的其他东西——原子核和光子呢？光子不受泡利不相容原理的影响，并且只要时间足够长，它们总会离开恒星。它们没法对抗引力。至于原子核，半整数自旋的原子核是受泡利不相容原理约束的，但（后面会看到）它们的质量较大，这意味着它们施加的压力比电子小，我们可以安心地忽略它们对平衡游戏的贡献。这极大地简化了问题——电子压力就是所需的一切，这也是我们将要关注的。

第二步：在弄清楚电子压力后，我们需要完成平衡游戏。要如何继续进行，也许并不明显。嘴上会说“引力向内拉，电子往外推”，但要给这句话添上一个数可就是另一回事了。

恒星内部的压力是变化的；中心的压力更大，而表面的更小。压力梯度的存在至关重要。想象恒星内部某处有一个恒星物质组成的立方体，如图 12.2 所示。引力会将立方体拉向恒星中心，而我们想知道的是电子产生的压力要如何抵消它。电子气体[i]中的压强，对立方体的六个面都施加了一个力，它等于该面上的压强[ii]乘以该面的面积。这个陈述很精确；此前我们都在用“压力”一词，若你有足够的直观认识，就会知道高压气体比低压气体的“推力”更大。每个给瘪轮胎打过气的人都知道这一点。

想要正确理解压力，就需要暂时转入我们更熟悉的领域。继续以轮胎为例，物理学者会说，轮胎瘪了，是因为胎内气压过低，若轮胎不变形，就不足以支撑车的重量；这就是为什么总得打足气。我们可以继续计算，如果希望轮胎与地面接触长为 5 厘米，则质量

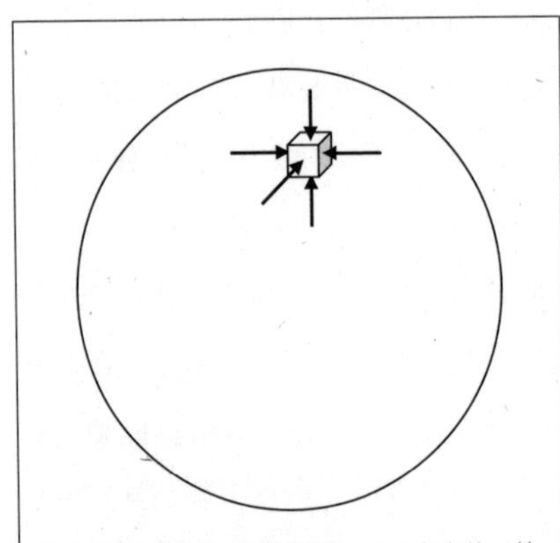

图 12.2：恒星内部某处的一个小立方体。箭头表示恒星中的电子对立方体施加的压力。

i　在金属内或白矮星中的电子，和其他粒子相互作用很弱，可以近似看成气体。

ii　压强是单位面积上的压力。

为 1 500 kg 的汽车的正确胎压是多少，如图 12.3 所示；又到了粉笔灰时间。

如果轮胎有 20 厘米宽，而我们希望轮胎与路面接触有 5 厘米长，则轮胎与地面的接触面积是 20 × 5=100 平方厘米。所需要的胎压还不知道——这是我们要计算的——所以我们用符号 P 来表示它。需要知道轮胎内空气对地面施加的向下的力。这等于压强乘以轮胎与地面接触的面积，即 P × 100 平方厘米。我们应该将其乘以 4，因为车有 4 个轮胎：P × 400cm^2。这就是轮胎内气体对地面施加的合力。可以这样想：胎内空气分子不断冲击地面（说得严谨一点，它们是在冲击接触地面的轮胎橡胶，但这并不重要）。地面通常不会让步，它在这种情况下会以大小相等但方向相反的力（所以确实用到了牛顿第三定律）推回去。汽车被地面抬起，又被重力拉下；由于它既未沉入地下也没跃入空中，我们知道这两个力一定是相互平衡的。因此，可以在 P × 400cm^2 的向上推力与向下的重力之间写下等号。后者就是汽车的重量，而我们知道如何用牛顿第二定律来计算它，$F=ma$，其中 a 是地球表面的重力加速度，等于 9.81m/s^2。所以重量是 1500kg × 9.8m/s^2=14 700 牛顿（1 牛顿等于 1kg·m/s^2，大致相当于一个苹果的重量）。这两个力相等，意味着：

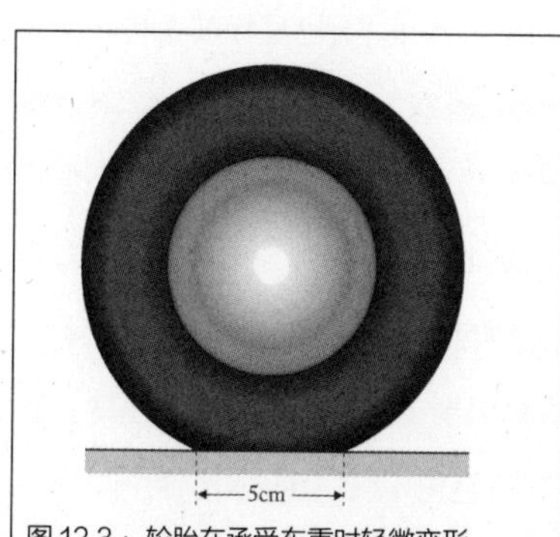

图 12.3：轮胎在承受车重时轻微变形。

$$P \times 400\text{cm}^2 = 14\,700\text{N}$$

这个方程很容易解：$P=(14700/400)\text{N/cm}^2=36.75\text{N/cm}^2$。36.75 牛顿每平方厘米的压强，可能不是一种非常常见的胎压陈述方式，但可以把它转化成更熟悉的“巴”(bar)。1 巴是标准大气压，等于 100 000 牛顿每平方米。一平方米有 10 000 平方厘米，所以每平方米 100 000 牛顿相当于每平方厘米 10 牛顿。因此，所需的胎压为 36.75/10=3.7 巴（或 53 磅每平方英寸——你也可以自行计算）。还可以利用我们的公式推断，如果胎压降低 50% 至 1.85 巴，则轮胎与地面的接触面积将增至 2 倍，从而使轮胎更瘪。在复习完压强课程后，我们可以回到图 12.2 中的恒星物质小立方体上了。

如果立方体的底面更接近恒星的中心，则这个面所受的压力应该比顶面所受的压力要大一些。这个压力差在立方体上产生的合力，想把立方体推离恒星的中心（图中“向上”），而这正是我们想要的，因为同时立方体会被重力拉向恒星的中心（图中“向下”）。如果能搞清楚如何平衡这两个力，那么我们对恒星就会有更多了解。但这知易行难，因为虽然第一步能算出立方体被电子压力向外推的程度，但我们还得算出重力向相反方向拉的程度。顺便一提，无需担心立方体侧边的压力，因为侧边到恒星中心距离相等，所以左侧的压力会与右侧平衡，这就保证了立方体不会向左或向右移动。

要计算出立方体所受的引力，需要利用牛顿的万有引力定律；它告诉我们，恒星内每一块物质对这个小立方体的拉力都是愈远愈小。所以，较远的物质比较近的拉力要小。不同位置的恒星物质对立方体的引力大小不同，取决于距离。要处理这个问题，看似有些棘手，但我们至少能在原则上看出来，应该把恒星切成很多小块，然后计算出对每一块小立方体的力。幸运的是，我们不必去想象真的把恒星切碎，因为可以利用一个非常漂亮的成果。高斯公式（以传奇的德国数学家卡尔·弗里德里希·高斯[i]的姓氏命名）告诉我们：(a) 可以完全忽略比小立方体到恒星中心的距离更远的小块；(b) 所有比小立方体到恒星中心更近的小块，其净引力效应正好和这些小块全都挤在恒星的正中心时一样。利用高斯公式并结合万有引力定律，我们可以说，小立方体受到将其拉向恒星中心的力，它等于：

$$G\frac{M_{in}M_{cube}}{r^2}$$

其中 M_{in} 是恒星中以立方体与中心距离为半径的球体内部的质量，M_{cube} 是立方体的质量，r 是立方体到恒星中心的距离（G 是牛顿引力常数）。例如，如果小立方体位于恒星表面，则 M_{in} 就是恒星的总质量。对于其他的所有位置，M_{in} 都比这个质量小。

我们现在取得了一点进展，因为要平衡小立方体上的力（请注意，这是为了让立方体不运动，进而阻止恒星爆炸或坍缩[ii]），就要求

$$(P_{bottom}-P_{top})A=G\frac{M_{in}M_{cube}}{r^2} \qquad (1)$$

其中 P_{bottom} 和 P_{top} 是电子气体在小立方体上下两面施加的压强，A 是立方体每个面的面积（记住，压力等于压强乘以面积）。我们

---

i　卡尔·弗里德里希·高斯，1777 年生于今属德国下萨克森州的布伦瑞克，1855 年卒于今属下萨克森州的哥廷根，德国数学家、天文学家。

ii　这个结论可以推广到整颗恒星，因为我们并没有规定小立方体的具体位置。（原书注）

把这个方程标记为“(1)”式，因为它非常重要，我们要经常引用它。

第三步：泡一杯茶并自鸣得意，因为在第一步之后，我们就会计算出压强 P_{bottom} 和 P_{top}，而第二步就弄清楚了如何使得二力平衡。但真正的工作还没有来，因为还需要实际执行第一步，并确定 (1) 式中等号左侧的压强差。这就是接下来的任务。

想象一颗恒星，内部挤满了电子和其他东西。电子是如何分布的呢？我们来把注意力集中在一个“典型”电子身上。我们知道，电子服从泡利不相容原理，这意味着在空间的同一区域不可能找到两个相同的电子。对于恒星中被笔者称为“电子气体”的电子海洋，这又意味着什么呢？因为电子之间必然是相互分离的，所以可以假设，每个电子都孤独地位于恒星内一个微小的假想正方体内。实际上，这并不完全正确，因为我们知道电子有两种类型“自旋向上”和“自旋向下”，而泡利原理只禁止相同的粒子靠得太近，也就是说一个正方体内可以容纳两个电子。这与电子不服从泡利原理的假想情况会形成对比。在那种情况下，“虚拟容器”中将不会有多余两个电子被束缚的情况。相反，它们可以分散开来，享受更大的活动空间。其实，如果我们忽略电子之间以及电子和恒星内其他粒子的相互作用，则它们的活动空间将不受限制。

我们知道当一个量子粒子被束缚时会怎么样：根据海森伯不确定性原理，它会四处跃动；而且被束缚得愈紧，跃得愈多。也就是说，随着白矮星前身的坍缩，其中的电子也被束缚得愈来愈紧，而这让它们愈发躁动。正是由于它们的躁动所施加的压力，才会阻止引力坍缩。

我们可以做得比说的更好，因为可以用海森伯不确定性原理来确定电子的典型动量。具体来说，如果将电子约束在尺寸为 Δx 的区域内，则它会按照典型动量 $P\sim h/\Delta x$ 四处跃动。实际上，在第四章中曾经论证过，这更像是动量的上限，而典型动量是零到这个值之间的某个数。这条信息先记下来，之后会用到。知道了动量，就能立刻了解两件事。第一，如果电子不服从泡利原理，则它们就不会被约束在 Δx 大小的区域内，而会是一个大得多的区域。这又会导致抖动得更少，意味着压强更小。所以，泡利原理是如何进入游戏的，就很清楚了：它挤压电子，使得电子通过海森伯不确定性原理进行特强抖动。过一会儿，我们会把这个超强抖动的想法用公式表达出来，算出压强；但现在我们应该谈谈可以了解的第二件事。因为动量 $p=mv$，所以抖动的速度还反比于质量；故而电子的四处跳动，与同样构成恒星的原子核的相比，要有力得多；这就是原子核施加的压力不重要的原因。那么，我们要如何用电子的动量算出类似电子所构成的气体的压强呢？

首先要做的是，计算出包含这对电子的小正方体有多大。它的体积是 $(\Delta x)^3$；由于所有的电子都必须装进恒星里，我们可以将这个体积用恒星体积（V）除以恒星内的电子总数（N）来表示。需要正好 $N/2$ 个容器，来容纳所有的电子，因为每个容器中可以放两个电子。这意味着每个容器所占的体积是 V 除以 $N/2$，等于 $2(V/N)$。下文中会大量用到 N/V 这个（恒星内单位体积中的电子数）量，所以我们用一个单独的符号 n 来表示它。现在可以写下，要容纳下恒星内所有的电子，每个容器的体积得是多少，即 $(\Delta x)^3=2/n$。取等号右侧的立方根，就能算出：

$$\Delta x = \sqrt[3]{\frac{2}{n}} = (\frac{2}{n})^{1/3}$$

现在可以把这个式子代入到不确定性原理中，得到电子由于量子抖动贡献的典型动量：

$$p \sim h(\frac{n}{2})^{1/3} \quad (2)$$

其中～符号表示“大致等于”。显然这有些模糊，因为电子不会以完全相同的方式抖动：有一些比典型值更快，另一些更慢。海森伯不确定性原理并不能告诉我们到底有多少个电子在以这个速度运动，有多少个以那个速度运动。相反，它给出了一个更“宽泛”的陈述，说如果你挤压电子的活动空间，那么它会以大致等于 $h/\Delta x$ 的动量抖动。我们就取这个典型动量，并假设所有的电子都这样运动。这样做会损失一点精度，但能极大地简化计算，并且我们思考物理的大方向肯定是正确的[i]。

现在我们知道了电子的速度，这足以计算出它们对小立方体施加的压力。要看出这一点，想象一队电子以相同的速率（v），共同向一面平面镜的方向前进。它们撞上镜面后又弹回来，再次以相同的速率，向与之前相反的方向运动。我们来计算一下这队电子对镜面施加的力。之后我们可以尝试更现实的计算，其中电子并不都向相同方向运动。这种首先考虑待解决问题的一个简化版本的方法在物理学中非常常见。这样就可以研究物理，而不至于贪多嚼不烂，还能增强信心；在这之后再解决更困难的问题。想象这队电子每立方米中包含 n 个粒子。为方便论证，假设其截

---

i 当然可以更精确地计算电子的运动，但是需要付出引入更多数学算式的代价。（原书注）

面是圆形，面积为 1 平方米，如图 12.4 所示。在 1 秒钟内，将有 nv 个电子击中镜面（如果 v 的单位是米每秒的话）。我们知道，从镜面出发到 $v \times 1$ 秒距离，这个范围内所有的电子都将在 1 秒内撞上镜面，即图中画出的圆柱体内的电子。由于圆柱的体积等于其横截面积乘以长度，因此这个圆柱的体积等于 v 立方米，而因为每立方米体积内有这队电子里的 n 个，所以每秒钟有 nv 个电子击中镜面。

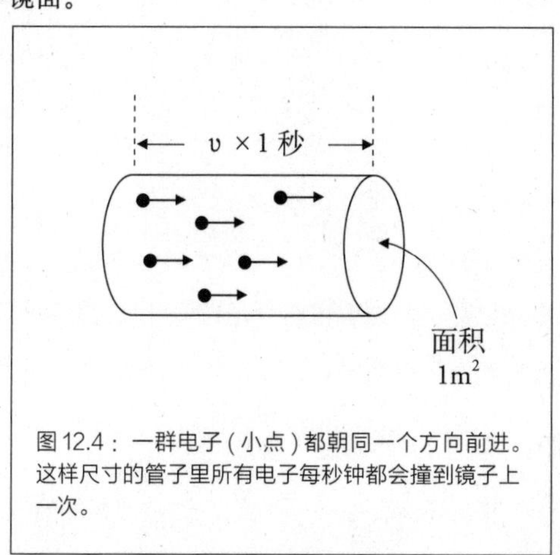

图 12.4：一群电子（小点）都朝同一个方向前进。这样尺寸的管子里所有电子每秒钟都会撞到镜子上一次。

当每个电子从镜面上不损失能量地弹回时，其动量的方向会反转，这意味着每个电子的动量改变量为 $2mv$。现在，就像要把一辆行进的巴士停下来并倒行需要一个力一样，要把电子的动量反转也需要一个力。这又得用到艾萨克 · 牛顿的工作。在第一章中，我们将它的第二定律写成 $F=ma$，但这是更普遍情形的一种特例，即力等于动量的变化率[i]。因此，整队电子将在镜面上施加

i 牛顿第二定律可以写作 $F=dp/dt$。对于常数质量，这个式子可以写成更熟悉的形式: $F=mdv/dt=ma$。（原书注）

合力 $F=2mv\times(nv)$，而这是每秒队中电子动量的总变化量。由于电子束的面积为 1 平方米，这也等于队中电子对镜面施加的压力。

从电子队到电子气只需要向前一小步。电子并不是齐步向着同一个方向前进；必须考虑到，一些电子向上运动，一些向下走，一些向左，等等。最后的净效果是，任何一个方向的压力将减小一个因子 6（想想正方体的六个面），变成 $F=2mv\times(nv)/6=nmv^2/3$。我们可以将式子中的 v，用由海森伯原理估计的典型电子速度，即 (2) 式来代替，从而得到白矮星中电子压强的最终结果[i]：

$$P=\frac{1}{3}nm\frac{h^2}{m^2}(\frac{n}{2})^{2/3}=\frac{1}{3}(\frac{1}{2})^{2/3}\frac{h^2}{m}n^{5/3}$$

你可能还记得，前面说过这只是近似计算。使用更多的数学算式之后，得到的完整结果是：

$$P=\frac{1}{40}(\frac{3}{\pi})^{2/3}\frac{h^2}{m}n^{5/3} \tag{3}$$

这是个不错的结果。它告诉我们，恒星内某处的压强，与那里每单位体积内的电子数的 5/3 次幂成正比。不必担心，在近似处理中，我们没有把比例系数弄对——重要的是，除此以外的其他一切都是对的。事实上，前面已经说过，我们对电子动量的估计可能有点过大，这就解释了为什么我们对压强的估计比真实值要大[ii]。

用电子数密度来表示压强，是一个好的开始；但使用实际的恒星质量密度来表示压强，更符合我们的目的。可以非常安全地

---

i　这里用到了合并幂的一般法则 $x^ax^b=x^{a+b}$。（原书注）

ii　近似计算中的系数 $\frac{1}{3}(\frac{1}{2})^{2/3}\approx0.210$，而完整结果中的系数 $\frac{1}{40}(\frac{3}{\pi})^{2/3}\approx0.024$ 。

假设，恒星的绝大部分质量来自原子核，而非电子（一个质子的质量几乎是电子的 2 000 倍）。我们还知道，恒星中电子的数量必须等于质子的数量，因为恒星是电中性的。为了得到质量密度，需要知道恒星内部每立方米有多少个质子和中子；我们不应该忘记中子，因为它们是核聚变过程的副产品。对于较轻的白矮星，核心主要是氢核聚变的最终产物氦 -4，这意味着质子和中子的数量相等。现在需要引入一点记号。原子量 A，通常用于计算原子核内质子和中子的总数，而对于氦 -4，A=4。原子核中的质子数用符号 Z 表示，对于氦来说，Z=2。现在我们可以写下电子数密度 n 与质量密度 ρ 的关系：

$$n=Z\rho/(m_pA)$$

而我们假设质子质量 m_p 与中子质量相同；这对于我们的目的已经足够精确了。m_pA 这个量是每个原子核的质量，而 p/m_pA 则是每单位体积的原子核数量，再用 Z 乘以这个量就得到了单位体积内的质子数，这就是等式所表达的含义。

我们可以用这个等式代替 (3) 式中的 n；由于 n 与 ρ 成比例，所以得出的结果是，压强随着密度的 ρ 次幂成比例变化。我们刚刚发现的这一突出的物理现象是：

$$P=\kappa\rho^{5/3} \tag{4}$$

而定下压强大小的纯粹数字倒不必太过于担心，这就是我们把它们都绑进符号 κ 的原因。值得注意的是，κ 取决于 Z 和 A 之比；因此对于不同种类的白矮星，它的值会有所不同。把一些数绑进一个符号中，有助于“看出”哪些才是重要的。在本例中，这些符号可能会分散我们对要点的注意力，就是恒星中压强和密度的关系。

在继续之前，请注意，量子抖动产生的压强，并不依赖于恒星的温度。它只与恒星受挤压的程度有关。如果考虑到温度，电子会因此而“正常”地颤动，并贡献额外的压强；而恒星愈热，它就颤动得越厉害。我们没有讨论来自这一部分的压强，因为时间不够；并且如果真的去计算，会发现它在大得多的量子压强面前相形见绌。

最后，我们已经准备好将量子压强的表达式代回关键的 (1) 式，这里值得再写一遍：

$$(P_{bottom} - P_{top})A = G\frac{M_{in}M_{cube}}{r^2} \tag{1}$$

但这并不像听起来那么容易，因为还需要知道小立方体上下两面的压强差。可以完全用恒星内部的密度来重写 (1) 式，而密度本来就是随着恒星内的位置不同而变化的（一定得是这样，否则就不会有压强差了），然后就可以尝试通过解方程来确定密度是如何随着到恒星中心的距离而变化的。这么做就要解一个微分方程（differential equation），而笔者希望避免这种程度的数学。相反，我们要更讲策略，想得更努力（并且计算得更少），以便利用 (1) 式来推导出白矮星的质量和半径之间的关系。

显然，这个小立方体的尺寸和它在恒星中的位置都是完全任意的；我们要得出的关于整体恒星的结论不能依赖于小立方体的细节。我们先来做一些可能看似毫无意义的事情。完全可以用恒星的尺寸来表示立方体的位置和大小。如果 R 是恒星的半径，则可以将立方体到恒星中心的距离写作 $r=aR$[i]，其中 a 是一个介

---

i 在下面的计算中，假设恒星是球对称的，即到球心距离相等的所有位置都是一样的。

于 0 和 1 之间的无量纲（量纲是 dimension）数。所谓无量纲，就是说它是纯粹的数，不含有单位。如果 $a=1$，立方体就在恒星的表面；而如果 $a=1/2$，则它在中心到表面一半的位置。类似地，可以用恒星的半径来表示小立方体的尺寸。如果 L 是立方体的边长，则可以写成 $L=bR$，其中 b 又是一个纯数；如果希望立方体相对恒星很小，则 b 也会很小。这里面绝对没有什么深奥的东西；在这个阶段，一切都很明显，乃至看似没有意义。唯一值得注意的是，R 是一个十分自然的长度单位，因为没有其他任何跟白矮星有关的长度可以合理地替代它。

我们可以继续用类似的方法困扰自己，用恒星的平均密度来表示立方体所处位置的恒星密度，即写成 $\rho=f\bar{\rho}$，其中 f 还是一个纯数，而 $\bar{\rho}$ 是恒星的平均密度。如前所述，立方体的密度取决于它在恒星内部的位置：如果更接近中心，它的密度就会更大。既然 $\bar{\rho}$ 平均密度与小立方体的位置无关，那么 f 就得与之相关，即 f 得由距离 r 所决定，这显然意味着它取决于乘积 aR。现在这里是决定剩余计算的关键信息：f 是一个纯数，但 R 不是（因为它度量距离）。这意味着 f 只能取决于 a，而和 R 毫无关系。这是一个非常重要的结论，因为它告诉我们，白矮星的密度分布曲线是“尺度不变”（scale invariant）的。这就是说，无论恒星的半径是多少，它的密度都会以相同的方式随半径而变化。例如，在距离中心 3/4 的地方，无论恒星尺寸如何，那里的密度与白矮星平均密度的比值对于所有白矮星都一样。有两种方法可以看出这个结果的关键性，笔者认为应该把它们都展示出来。我们中的一人是这样说的：“这是因为，任何函数，如果是无量纲的，它的变量就必须也是无量纲的；而对于函数 f，它依赖于有量纲的 r，则能作为其变量的、唯一的无量纲组合是 $r/R=a$，因为 R 是我们所知唯一具有长度量纲的量。”

另一位笔者觉得下面的话更清楚：“一般而言，f 可以由 r 以复杂的方式决定，而后者即小立方体与恒星中心距离。但为了本段的说明，我们假设它们是简单的成正比，即 $f \propto r$。换言之，$f=Br$，其中 B 是一个常数。这里的关键是，我们希望 f 是一个纯数，而 r 是以（比如说）米为单位。这意味着 B 必须以 1/ 米为单位，这样长度单位才能互相抵消。那么从结果来看，B 会是什么呢？我们不能随意选一些东西，比如‘1 米的倒数’，因为这没有意义，与恒星毫无关系。比如说，为什么不选 1 光年的倒数，并且得到截然不同的正比关系呢？我们手头唯一的长度是 R，即恒星的物理半径，所以我们被迫用它来确保 f 永远是一个纯数。这意味着 f 只取决于 r/R。应该可以看到，如果我们开始时的假设是，比如说 $f \propto r^2$，也会得出相同的结论。”这些其实和前一位笔者说的一样，只是更长。

这个结论意味着，可以将尺寸为 L、体积为 L^3 的小立方体的质量，表示为 $M_{cube}=f(a)L^3\bar{\rho}$。我们把 f 写成 $f(a)$，是为了提醒你，f 实际上只取决于我们对 $a=r/R$ 的选择，而与恒星大规模的性质无关。用相同的论证还可以写下 $M_{in}=g(a)M$ 这个式子，其中 $g(a)$ 也只是 a 的函数。例如，函数 $g(a)$ 在 $a=1/2$ 时的值就会告诉我们，具有一半恒星半径的同心球体，其质量占恒星质量的比例；并且它对于所有白矮星都是一样的，与具体的白矮星半径无关，这在前一段已经论证过了[i]。你可能已经注意到，我们在稳步处理 (1)

i 对于有数学天赋的人，可以证明 $g(a)=4\pi R^3\bar{\rho}\int_0^a x^2 f(x)dx$，即函数 $g(a)$ 其实是在我们知道函数 $f(a)$ 之后才能确定的。（原书注）

式中出现的各种符号，用无量纲的量（a、b、f和g）乘以只和恒星质量及半径有关的量（恒星的平均密度也由M和R决定，因为$\bar{\rho}=M/V$，而根据球体积公式，$V=4\pi R^3/3$）来代替它们。要完成任务，只需对压强差进行相同的处理；可以写作$P_{\text{button}}-P_{\text{top}}=h(a,b)\kappa\bar{\rho}^{5/3}$，其中$h(a,b)$是一个无量纲的量。$h(a,b)$由$a$和$b$共同决定，是因为压强差不仅取决于小立方体的位置（由a表示），还取决于立方体的大小（由b表示）：较大的立方体，对应的压强差也较大。关键是，和$f(a)$与$g(a)$类似，$h(a,b)$也不能单单与恒星的半径有关。

可以用刚刚推导出的表达式，重新写出 (1) 式：

$$(h\kappa\bar{\rho}^{5/3})\times(b^2R^2)=G\frac{(gM)\times(fb^3b^3\bar{\rho})}{a^2R^2}$$

这看起来有点乱，不太像是在一页内就能中大奖。关键之处在于，这是在表达恒星的质量与半径的关系；两者间的具体关系已经近在眼前（或者远在天边，这取决于你的数学能力）。在代入恒星的平均密度［即$\bar{\rho}=M/(4\pi R^3/3)$］之后，这个乱七八糟的式子可以整理成

$$RM^{1/3}=\kappa/(\lambda G) \tag{5}$$

其中，

$$\lambda=\left(\frac{4\pi}{3}\right)^{\frac{2}{3}}\frac{bfg}{ha^2}$$

现在的λ只依赖于无量纲的量a、b、f、g和h，这意味着它不由描述恒星整体的量M和R所决定，因此这个式子对于所有的白矮星都是一样的。

如果你担心，当改变a和/或b（这意味着改变小立方体的位置和/或尺寸）时会怎么样，那么你肯定没有领会到这段论证的

威力。从表面上看，改变 a 和 b 当然会改变 λ，这样我们就会得到 $RM^{1/3}$ 的不同结果。但这是行不通的，因为我们知道，$RM^{1/3}$ 是取决于恒星整体的，而不是其内部一个、我们可能关心也可能不关心的小立方体的具体性质。这意味着 a 和 b 的任何变化，都必须由 f、g 和 h 的相应变化所完全补偿，使得 λ 保持不变。

(5) 式相当明确地指出，白矮星可以存在；这是因为我们已经成功地解出了引力 - 压强的平衡方程 [(1) 式]。这不是一件平凡的事——因为有可能会发现，平衡方程 (1) 对于 M 和 R 的任何组合都无法被满足。(5) 式还作出预言，$RM^{1/3}$ 一定是常数。换句话说，如果我们仰望星空，测量白矮星的半径和质量，就应该会发现，每颗白矮星的半径乘以其质量的立方根，都会得出相同的数。这实在是一个大胆的预言。

笔者刚才展示的论证还可以改进，因为可以准确地计算出 λ 的数值，但这需要解出一个关于密度的二阶微分方程，而所需的数学技巧对于本书太遥远了。请记住，λ 是一个纯数；“它就是它”，可以用一点更高级的数学去算出来。我们没有在这里把它算出来，但这对我们的成就没有丝毫影响：我们已经证明，白矮星可以存在，并且对于其质量与半径的关系做出了预言。在计算出 λ 之后（可以在家用电脑上完成），并代入 κ 和 G 的值，预言的结果是：

$$RM^{1/3}= (3.5\times10^{17}\mathrm{kg}^{1/3}\mathrm{m})\times(Z/A)^{5/3}$$

对于纯氦、碳或氧（Z/A=1/2）组成的核心，等于 $1.1\times10^{17}\mathrm{kg}^{1/3}\mathrm{m}$。对于铁核心，$Z/A$=26/56，式子中的 1.1 略微变小到 1.0。笔者翻阅了学术文献，收集了散布在我们的银河系中的 16 颗白矮星的质量和半径。对于每一颗，我们都计算出了 $RM^{1/3}$

的值，结果是天文观测给出 $RM^{1/3} \approx 0.9 \times 10^{17}\text{kg}^{1/3}\text{m}$。令人激动的是观测和理论比较一致；我们成功地利用泡利不相容原理、海森伯不确定性原理和牛顿引力定律，预言了白矮星的质量 - 半径关系。

当然，这些数字有一些不确定性（理论值为 1.0 或 1.1，观测值等于 0.9）。如果是正确的科学分析方法，现在就会开始讨论理论和实验一致的可能性有多大，但对我们的目的而言，这种层次的分析是不必要的，因为一致得惊人了。我们得以算出这一切，并且误差率仅有约 10%，是十分奇妙的。这也是有力的证据，证明我们对恒星和量子力学有了相当的了解。

专业物理学者和天文学者不会就此止步。他们会尽心地详细测试这种理论的认识，为此就需要改进笔者在本章展示的分析。具体来说，改进后的分析会考虑到恒星温度在其结构中确实起到一定作用。此外，电子海在带正电的原子核附近奔涌，但在我们的计算中，电子与原子核之间（以及电子和电子之间）的相互作用被完全忽略掉了。这么做是因为，我们宣称它们对我们的简单处理只产生相当小的修正。这一说法得到了更详细计算的支持，这也是我们的简单处理为何与数据如此一致的原因。

你显然已经学到了很多东西：确定了电子压强能够支持白矮星；设法比较精确地做出预言，如果给恒星增加或减少质量，其半径会如何变化。与急于烧掉燃料的“普通”恒星不同，要注意到白矮星有一个特点，就是增加质量会使其变小。这种情况是因为，我们额外增添的东西会增加恒星的引力，从而使其收缩。从表面上看，(5) 式表达的关系似乎意味着需要增加无穷多的质量，恒星才会收缩到完全没有大小。但事实并非如此。如笔者在本章开头所述，重要的是，电子最终会进入极其紧密地聚在一起的阶段，以至于电子的速度开始接近光速，而爱因斯坦的狭义相对论变得重要起来。对我们计算的影响是，必须停止使用牛顿运动定律，而用爱因斯坦的定律来代替。我们将看到，这会产生很大的不同。

我们将会发现的是，随着恒星的质量变大，电子所施加的压强不再与质量密度的 5/3 次幂成正比，而是随着数密度上升、增长得更慢。稍后我们会进行计算，但可以直接看出这对恒星会产生灾难性的后果。这意味着，当增加质量时，引力照常增加，但压强增加得会更少。恒星的命运，决定于当电子快速运动时，压强随质量密度增加的增长"变慢"了多少。显然，是时候弄清楚"相对论性"电子气的压强了。

幸运的是，我们无需使用爱因斯坦理论的艰深形式，因为要计算以接近光速运动的电子气体中压强所需要的推理，与我们刚才展示的"慢速"电子气体中的推理几乎完全相同。关键的区别在于，动量不再能写成 $P=mv$，因为这已经不正确了。仍然正确的是，电子施加的力仍然等于其动量的变化率。之前我们曾经推导出，一队电子从镜面上弹回，施加的压力 $P=2mv\times(nv)$。对于相对论性情形，可以写下相同的表达式，但要用 p 来代替 mv。我们还假设电子的速度接近光速，所以可以用 c 来代替 v。最后，我们仍然需要除以 6 来得到恒星中的压强。这意味着，我们可以将相对论性气体的压强写成 $P=2p\times nc/6=pnc/3$。和以前一样，现在可以用海森伯不确定性原理继续推理，认为束缚电子的典型动量是 $h(n/2)^{1/3}$，所以：

$$P=\frac{1}{3}nch(\frac{n}{2})^{1/3}\propto n^{4/3}$$

我们又可以把这个近似结果与准确答案相比较，后者是：

$$P = \frac{1}{16}(\frac{3}{\pi})^{1/3} hcn^{4/3}$$

最后，可以用与之前相同的方法，将压强用恒星内部的质量密度来表示，并导出 (4) 式的替代版本：

$$P = \kappa' \rho^{4/3}$$

其中 $\kappa' \propto hc \times [Z/(Am_p)]^{4/3}$。和笔者说的一样，压强随密度增加的增长，比非相对论性情形要慢。具体来说，密度的增长指数是 4/3，而不是 5/3。变化较慢的原因，可以追溯到电子不能以超光速运动的事实。这意味着，我们用于计算压强的“通量”(flux) 因子 nv，在 nc 处达到饱和；气体无法以足够的速率将电子送给镜面（或者小立方体表面），以维持 $\rho^{5/3}$ 的关系。

我们现在可以来探究这一变化的意义，因为可以通过与非相对论性情形相同的论证来导出与 (5) 式相应的关系：

$$\kappa' M^{4/3} \propto GM^2$$

这是一个非常重要的结果，因为与 (5) 式不同，它完全不依赖于恒星的半径。这个方程告诉我们，这种挤满了光速电子的恒星，其质量只能有一个非常特殊的值。将上一段中的 κ' 代入，我们得到的预言是：

$$M \propto (\frac{hc}{G})^{3/2} (\frac{Z}{Am_p})^2$$

这个结果正是笔者在本章一开始就宣传过的、白矮星可能具有的最大质量。我们已经非常接近于重现钱德拉塞卡的结果了。剩下要理解的部分就是，这个特殊的值为何是可能的最大质量。

我们已经知道，对于质量不太大的白矮星，其半径不会太小，电子不被过度挤压。因此这些电子的量子抖动不会过大，其速度与光速相比也很小。对于这些恒星，我们已经看到，其质量－半径关系是稳定的，形式为 $RM^{1/3}$= 常数。现在想象一下，给恒星增加质量。质量－半径关系告诉我们，恒星会收缩，因此电子被压缩得更厉害，而抖动得更快。再增添更多的质量，恒星就会收缩得更多。因此，增加质量会使电子速度增加，直到最后，它们的速度与光速相当。同时，压强将从 $P \propto \bar{\rho}^{5/3}$ 缓慢变成 $P \propto \bar{\rho}^{4/3}$；而对于后者，恒星只在一个特定的质量上稳定。如果质量增加得超过了这个特定值，那么 $\kappa' M^{4/3} \propto GM^2$ 的正比符号右侧就会变得比左侧更大，方程就不相等了。这意味着电子压力（位于方程左侧）不足以平衡向内拉的引力（位于右侧），而恒星必然坍缩。

如果更仔细地处理电子动量，并花费心思用高等数学来计算出缺失的数字（对于个人电脑又是一项小任务），我们就能对白矮星的最大质量做出精确的预测。这就是：

$$M = 0.2(\frac{hc}{G})^{3/2}(\frac{Z}{Am_p})^2 = 5.8(\frac{Z}{A})^2 M_{\odot}$$

其中用太阳质量（$M_{\odot}$）来重新表达了那捆物理常数。顺便注意一下，那些我们没做的所有的额外艰苦工作，仅仅给出了一个比例系数，值是 0.2。这个式子给出了我们所追寻的钱德拉塞卡极限：对于 Z/A=1/2，这是 1.4 个太阳质量。

这里真的是我们旅程的终点了。本章的计算，在数学要求上比本书其余部分要高；但在笔者看来，它是现代物理学威力的最壮美的展示之一。可以确定，这不是一件“有用”的事，但一定是人类一次伟大的凯旋。我们利用相对论、量子力学和缜密的数学推理正确地计算出不相容原理与引力对抗所能支撑起的物质球的最大尺寸。这意味着科学是对的；量子力学看起来无论有多奇怪，都是描述真实世界的一套理论。而在这里结束还不错。

拓展阅读

在编写本书的过程中，我们参考了很多书籍，其中一部分值得特别提及和重点推荐。

关于量子力学的历史，权威史料当然是亚伯拉罕·派斯所著《势不可挡的深入》（*Inward Bound*）和《上帝难以捉摸》（*Subtle Is the Lord*，有中译本：方在庆、李勇译，商务印书馆 2017 年版）。这两部优秀作品专业要求很高，但在历史细节方面则无出其右。

理查德·费曼的书《QED ：光和物质的奇妙理论》（*QED* ：*The Strange Theory of Light and Matter*，有中译本：张钟静译，商务印书馆 1994 年版，湖南科学技术出版社 2012 年版）和本书难度相当；如题所示，它着重介绍量子电动力学。跟费曼的其他作品一样，它读起来饶有趣味。

对于想了解量子力学更多细节的读者，我们推荐保罗·狄拉克的《量子力学原理》（*The Principles of Quantum Mechanics*，有中译本：凌东波译，机械工业出版社 2018 年版）。我们认为，它仍然是关于量子力学基础的最好的书，读懂它需要很高的数学水平。

在网上，我们推荐 iTunes U 中的两门课程：伦纳德·萨斯坎德[i]（Leonard Susskind）的“现代物理：理论底线之量子力学”（Modern Physics：The Theoretical Minimum – Quantum Mechanics）和牛津大学詹姆斯·宾尼[ii]（James Binney）的更难的“量子力学”课程。两门课都需要扎实的数学背景。

i 伦纳德·萨斯坎德，1940 年生于纽约，美国理论物理学家。

ii 詹姆斯·宾尼，1950 年生于萨里郡，英国天体物理学家。

致谢

我们要感谢许多的同事和朋友，他们提出了很多宝贵的意见和建议，帮助我们“把事情做对”。特别要感谢的有迈克·伯斯（Mike Birse）、戈登·康奈尔（Gordon Connell）、米拉纳尔·达斯古普塔（Murinal Dasgupta）、戴维·多伊奇（David Deutsch）、尼克·埃文斯（Nick Evans）、斯科特·凯（Scott Kay）、弗雷德·洛宾格（Fred Loebinger），戴夫·麦克纳马拉（Dave McNamara）、彼得·米林顿（Peter Millington）、彼得·米切尔（Douglas Ross）、迈克·西摩（Mike Seymour）、弗兰克·斯威洛（Frank Swallow）和尼尔斯·沃尔特（Niels Walet）。

非常感谢我们的家人——娜奥米（Naomi）、伊莎贝尔（Isabel）和嘉（Gia）、墨（Mo）以及乔治（George），感谢他们的支持和鼓励，感谢他们在我们全神贯注工作时能从容应对。

最后，感谢我们的出版商及代理人商苏·里德（Sue Rider）和戴安娜·班克斯（Diane Banks）的耐心、鼓励和有力支持。特别感谢我们的编辑威尔·古德莱德（Will Goodlad）。

《量子宇宙》大事件

1896 年	被欧内斯特·卢瑟福称为量子革命的起点，因为那一年亨利·贝克勒尔在他位于巴黎的实验室中发现了放射性。
1900 年	普朗克因受一家电气照明公司的委托，发现了黑体辐射，为解释其性质，他只能假设光须以小份能量的形式辐射出去，称之为“量子”。
1905 年	阿尔伯特·爱因斯坦在光电效应现象上的后续研究中进一步支持了量子假说。1922 年，爱因斯坦因此获颁诺贝尔物理学奖。
1911 年	卢瑟福发现核式原子模型。
1913 年	尼尔斯·玻尔发表了关于原子结构的第一套量子理论。

1923年	路易·德布罗意首次提出德布罗意关系(de Broglie equation)，表达了动量和波长之间的密切联系。
1923年—1925年	阿瑟·康普顿及其同事成功地使光量子从电子上反弹出去。这一现象为普朗克的理论猜想提供了铁证，是其在现实世界中坚实的理论基础。
1925年1月	泡利发展了埃德蒙·斯托纳关于能级的提议，发布了一条规则，在一年后被狄拉克称为泡利原理。
1925年7月	海森伯完成了论文《关于运动学和力学关系式的量子理论新解释》。
1925年9月	乔治·乌伦贝克和塞缪尔·古德斯米特受原子光谱的精确测量结果启发，将泡利的额外量子数与一条真实、物理的电子性质等同起来，就是“自旋”(spin)。
1926年	光量子被赐名为“光子”。
1927年	戴维孙和革末发表《单晶镍的电子衍射》。1937年，戴维孙因此与发现干涉图案的乔治·佩吉特·汤姆孙，共同获得了诺贝尔奖。
1926年6月21日	埃尔温·薛定谔发表了引入量子理论的系列论文，包含薛定谔方程。

1926 年 6 月 25 日	马克斯·玻恩发表的《论碰撞过程的量子力学》给出了波函数的正确诠释。并因此于 1954 年获得诺贝尔物理学奖。
1926 年 12 月 4 日	爱因斯坦在寄给玻恩的一封信中写下了他反对量子力学概率性的名句:“这个理论说了很多,但并未引领我们更接近他老人家的奥秘所在。无论如何,我确信,他老人家不掷骰子(德文:Der Alte würfelt nicht.)。”
1927 年	海森伯在一篇题为《论量子理论运动学与力学之物理内涵》的论文中发布了海森伯不确定性原理。
1933 年	狄拉克是探索包含作用量的量子理论形式第一人,但他却剑走偏锋,将研究发表在以《量子力学中的拉氏量》为题的这篇论文中,这篇论文发表于一本苏联期刊,以示支持苏联科学。
1941 年	理查德·费曼用狄拉克的理论形式计算,从作用量原理中导出薛定谔方程。
1947 年 6 月	在纽约长岛一角举办了谢尔特岛会议。报告了后世闻名的“兰姆位移”。

1947年12月	造出第一个晶体管。1956年，威廉·布·肖克利、约翰·巴丁和沃尔特·豪·布拉顿因其对半导体的研究和发现晶体管效应，被授予诺贝尔物理学奖。
1964年	彼得·希格斯将希格斯机制引入粒子物理学。
1965年	费曼、施温格和日本物理学家朝永振一郎获诺贝尔奖，“以表彰他们在量子电动力学中的奠基性工作，这对基本粒子物理学产生了深远的影响”。
1980年	在CERN发现W玻色子及其伙伴Z玻色子。
1995年	在芝加哥附近费米实验室的兆电子伏特加速器中发现了顶夸克。
2012年	在LHC中发现希格斯玻色子。

量子宇宙

作者 _ [英] 布莱恩 · 考克斯 [英] 杰夫 · 福修 译者 _ 王一帆

产品经理 _ 陈悦桐 装帧设计 _ 郑力珲 产品总监 _ 李佳婕 技术编辑 _ 白咏明
责任印制 _ 刘淼 出品人 _ 许文婷

营销团队 _ 毛婷 阮班欢 物料设计 _ 朱君君

鸣谢

丁志友

果麦
www.guomai.cn

以 微 小 的 力 量 推 动 文 明

图书在版编目（CIP）数据

量子宇宙 / (英) 布莱恩·考克斯, (英) 杰夫·福修著；王一帆译. -- 上海：上海科学技术文献出版社, 2021（2024.8重印）

ISBN 978-7-5439-8361-8

Ⅰ. ①量… Ⅱ. ①布… ②杰… ③王… Ⅲ. ①量子宇宙学-普及读物 Ⅳ. ①P159-49

中国版本图书馆CIP数据核字(2021)第134029号

图字：09-2021-0619

责任编辑：苏密娅

量子宇宙
LIANGZI YUZHOU
(英) 布莱恩·考克斯 (英) 杰夫·福修 著 王一帆 译
出版发行：上海科学技术文献出版社
地　　址：上海市长乐路746号
邮政编码：200040
经　　销：全国新华书店
印　　刷：北京盛通印刷股份有限公司
开　　本：880mm×1230mm 1/32
印　　张：8.25
字　　数：184千字
版　　次：2021年8月第1版　2024年8月第15次印刷
书　　号：ISBN 978-7-5439-8361-8
定　　价：49.80元
http://www.sstlp.com